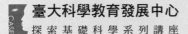
臺大科學教育發展中心
探索基礎科學系列講座

科學□

妙趣痕聲

——聲彩繽紛的 *Steam*

于宏燦 —— 主編

蔡振家、楊敏奇、李承宗、馬國鳳

嚴宏洋、黃千芬、李百祺—— 編著

第一本跨領域的聲學科普書！
從波動本質到情緒，從人聲、動物聲到地球的歌聲，
各領域專家協力完成的最新巨作！

三民書局

妙趣痕聲的繽紛世界

小說家休‧洛夫廷的奇幻小說《杜立德醫生》(*Doctor Dolittle*) 和海洋生物學家瑞秋‧卡森的自然文學作品《沉寂的春天》(*Silent Spring*) 引起我對動物聲音的興趣，更對自然界聲景之涵義有嶄新的體會。我在大學講授海洋動物行為學和動物聲學，曾參與多項相關的基礎和應用研究，例如魚類發聲器官的構造和演化、魚類的聲音類型和功用、潟湖內石首魚類在生殖季節中的聲音時空分布、初生嬰兒哭聲特徵與先天性疾病的關係，和莫扎特《D 大調鋼琴協奏曲——K.448》在兒童癲癇治療上之應用等。在平日，我常採用輕柔的爵士音樂來營造一個令人放鬆的環境，聲音己悄然地成為我生活中的要素。

生物聲學研究內容包括聲音的物理、特徵、發音機制、遺傳機制、生理調控、功能、生態、演化、聽覺心理及聲音的應用等。近年聲景生態學備受重視。聲景是由環境中的地理聲音（如風聲和雨聲）、生物聲音和人為噪音所構成，而聲景生態便是探究這些聲音的時空變化以及聲音與生物體間的關聯影響。臺灣因應電力需要，政府積極推動大型風力發電計畫，但風力發電場所產生的人為噪音可能會對生態造成負面的衝擊，這正是聲景研究最為關切的問題。

　　我很幸運有機會閱讀了《妙趣痕聲》，從平淡退休生活中得到新知的刺激，喚醒我要不斷探索聲之無限妙趣。這本書用簡潔的文字和科普方式介紹：1.樂器與嗓音的物理；2.音樂製作；3.音樂情緒與大腦的連結；4.用被動聲納方法聆聽地球（如地殼活動）和脊椎動物的聲音；5.用主動聲納方法「看」海洋和地殼；6.把聲能與光能轉換原理應用在醫學上。以上的題材皆與生物聲學息息相關。

　　〈樂器與嗓音的物理〉一章，為音樂藝術與自然科學間建立了跨領域的橋樑。音樂創作者若是瞭解了這些物理機制，將更能掌握創造所需音質的訣竅。在介紹聲音合成和調配技術方面，對我在處理信號、進行音訊回播實驗，探究這些訊號當中之關鍵成分有非常大的幫助。

　　我對〈談音樂、情緒與大腦〉這一章特別感興趣。作者引用科學數據來說明聽覺心理學，指出聽音樂和從事音樂活動（例如唱歌、玩樂器）是如何影響大腦生理，並進一步牽動情緒和行為反應，讀後獲益良多。作者解釋傷感音樂可能改善低落情緒的原因，改變了我對音樂治療的刻板印象。音樂在人類演化中所扮演的角色是協助傳遞情緒訊息，使感情傳達能跨越文化的溝壑，增進社群間之連結。2022年，因氣候極端變化引致的災難、新型冠狀病毒的疫情，再加上俄羅斯與烏克蘭的戰爭影響全球經濟和糧食供應，許多人因為生活壓力增加而引致焦慮，使得身心健康均受到影響。在這樣的全球情境下，我們更應該要認識和利用音樂所附帶的療癒功能。

《妙趣痕聲》亦提醒我們應該多聆聽生物的語言，如此一來也許就可以像杜立德醫生一樣，能夠透過與動物進行溝通，增加彼此的認識，從而建造相容互利的生存關係。希望人類能夠減少噪音，以保留聲景的原貌和維護生態系之生物多樣性，這些都是讀者們可以積極參與的行動。

　　　　國立中山大學 榮譽退休教授／海洋科學系兼任教授

科學是文明的 DNA

　　在大眾的心中對於科學往往會有著一種謎樣的矛盾：一方面有一種本能驅使的好奇心存在著，極度冀望能夠瞭解科學驅使的文明世界；另一方面又會因為過往經驗裡的挫折感，因而覺得科學是難以理解和接近的「數理世界」。回顧過去的歷史可以發現，人類社會不斷地透過觀察自然環境、理解自然現象，例如星象、氣候、季節、生物的生長繁殖或是物候等科學活動的本體，來保障生活平順、預期未來，盡可能地趨吉避凶，這便是生物所演化出來尋求生存最佳化的本能。隨著時代的邁進，人們除了累積環境的觀察與歸納自然秩序之外，還發展出了透過科學來改善生活條件、創造便利的工具和設施，於是文明出現快速的躍升（手機與網路都是最新的文明躍進展現）。扼要地說，科學就是文明的 DNA，沒有科學就不會有人類文明！那麼作為一個科學家，又要如何協助大眾解開這種對於科學的矛盾心情呢？

　　其實，這種矛盾心結的來由經過剖析是很容易可以理解的。打個比方來說，數學、物理和化學可算是建立科學第一層次的烈性剛強三兄弟，大哥是數學，而後面跟著的物理和化學是孿生兄弟；三個兄弟彼此合作、互相支援，就構成了科學的基本內涵。科學第二

層次則是由兩個溫柔婉約的連體攣生姐妹來主持，一個是地球科學、另一個是生物科學（比較新穎的說法是生命科學），而讓她們連體的就是生態學，這是一門理解生命世界和非生命世界兩者間互動的學科。雖然「數、理、化」三兄弟的剛烈讓人比較難接受，但他們為科學所打造的地基卻是創造人類文明最關鍵的基礎工程；不論是地球科學或生物科學的知識都需要透過三兄弟打下的根基，才能夠去嘗試分析、探究與理解。再換個角度，若把事情顛倒過來看的話，「生物、地科」連體姐妹所著墨的課題，都是屬於透過系統內的成員（包括化學分子、原子，甚至是次原子的電子等）相互作用才會產生的新特質，和原先各成員單獨具有的特性均不一樣，是比較綜合性、全面性且複雜的，也就更加難以捉摸和預測了。這樣的特質就有如在地下找尋湧出地下水的泉口一般難以預測與掌握，因此被稱為湧現性質 (emergent properties)。也正是因為這樣的特性，難怪生物、地科常被解讀為囉唆、冗長、難以記住……等。

　　舉個實際例子來說明湧現性質。在天氣預報上，颱風和降雨都是很難精準預測的；而在生物學上，幹細胞的發育運作也是相當不容易掌握的。兩者不但都需要透過無數次的觀察或實驗來獲得數據，還需要廣泛地採用統計學方式來進行描述和分析，而且最終獲得的結果還都只是表示一個事件發生的機率值而已呢！

　　儘管科學世界各學門之間盤根錯節、層層遞進，讓大眾往往會望其卻步，但科學的重要性是無庸置疑的。它雖然是推動著文明向

前的極大動力，但也極有可能是一把雙面刃。只有從層次上去理解科學的本質，再加上熟悉文明和科學的關聯，才是消除大眾矛盾心結的不二法門！讓大眾接受科學、理解科學，甚至願意從事科學，推展出一個有反省、有前瞻的文明，並同時避免自我毀滅的厄運降臨，是現今社會非常重要的課題。

有鑑於此，第 25 期臺大科學教育發展中心的探索基礎科學系列講座特別規劃了「妙趣痕聲——聲彩繽紛的 STEAM」這個主題，介紹聲學 (acoustics) 這一門研究聲波的傳播原理與應用、既古老又新穎的學問。聲波是藉由介質 (medium) 的彈性 (elasticity) 來傳遞動能所形成的一種波動，是日常生活當中最普遍接觸到的物理現象。不過聲學的運用卻是無遠弗屆地，從樂器的發聲、音樂的錄製、認知心理和行為，到海洋探測、地震預警、醫用超音波（聲波與光波的轉換）都與其息息相關。此外，多種動物為溝通所發出的聲波（或超音波）以及應對聲響的行為反應，不僅是人類行為最佳的自我投射，也是驅使我們探究原始自然界的好奇心的初衷，更是模仿生物來創新發明的泉源。無疑的，本書絕對是「妙趣痕聲」！

最後，「妙趣痕聲」是我擔任臺大科學教育發展中心主任之後，第一個「原創」的探索系列講座題目。這不僅是因為我小學時參加過合唱團，也是大學就讀動物系時接觸青蛙叫聲所留下的印痕至今依然難以忘懷的結果。能夠讓時光倒流，再度享受昔日對聲音感到愉悅的經驗，最應該感謝的便是本期探索系列講座的三位顧問教

授——李百祺、劉雅瑄、蔡振家,以及貢獻本書各章節的講師們。
唯一遺憾的是,講師李琳山院士(講題為「芝麻開門:語言的聲音
開啟人類文明的無限空間」)因故而無法參與出版,在此一併致謝。

臺大科學教育發展中心主任／
國立臺灣大學生命科學系教授

于宏燦

Contents

chapter 1

樂器與嗓音的物理

講者│臺灣大學音樂學研究所副教授　蔡振家

前　言

　　小說《哈利波特》(*Harry Potter*) 裡描述，對豎琴施以魔法，它就會自動演奏。然而在真實世界裡面，演奏音樂的人只是麻瓜，沒有魔法，那麼美妙的音樂又該從何而來？對於喜愛科學的人而言，有些樂器的發聲原理，或許就像魔法一樣奇妙。每種樂器都有各自獨特的聲音來由，細究起來都有很豐富的學問，比魔法更深奧有趣。

　　在物理學裡面，樂器的發聲原理可謂「小道」，臺灣的教學及研究對此並不重視。筆者畢業於物理學系，但是一直到出國留學的博士班階段，才真正進入樂器的物理世界，將自己的音樂興趣與物理知識結合在一起。筆者當時就讀於柏林洪葆大學 (Humboldt-Universität zu Berlin) 的音樂學研究所，這所大學的校門口正中央矗立著德國科學家亥姆霍茲 (Hermann von Helmholtz) 的雕像，他在十九世紀對於物理學、心理學、生理學皆作出許多學術貢獻，也曾經研究樂器的發聲與音色，堪稱奇才。

　　亥姆霍茲穿梭於音樂與科學之間的瀟灑身影，令筆者悠然神往。可惜的是，隨著人文藝術與自然科學間的壁壘愈築愈高，音樂的科學研究逐漸遠離了主流學術圈，樂器的物理學也是如此。在本文中，筆者將打破人文與自然科學間的門戶之見，帶領大家探訪樂器與嗓音的物理世界，在悠揚的音樂聲中思考科學。

♫ 打擊樂器的固有振態

　　許多打擊樂器的振動，都可以用固有振態 (normal mode of vibration) 來分析。固有振態又稱為正規振態、簡正模態，它是指一個穩定振動的系統中，所有質點都以相同頻率和相位做正弦振動的模式。固有振態所對應的振動頻率，稱為其固有頻率或共振頻率。

　　振動板子所產生的克拉尼圖形 (Chladni pattern)，是用來介紹固有振態的有趣範例。在做這項實驗時，要先將板子準確地平放，灑上細沙或鹽巴，再以振動儀讓它以各種頻率振動。當板子以固有頻率振動時，細沙會呈現特定的克拉尼圖形，此即固有振態的節線。節線不會振動，而節線兩側的質點則反向運動。

　　當我們敲響一件打擊樂器的時候，會同時激發它的幾個固有振態，這裡以鐵琴來做說明。圖 1–1 呈現鐵琴某個音磚（金屬條）所發出的聲音頻譜（有興趣的讀者請掃描 QR code 進入影片清單，觀看影片 1），每個尖峰就是一個固有頻率，尖峰

♪影片播放清單

的上方呈現以該頻率振動的固有振態。由於固有頻率彼此並未呈整數比，因此鐵琴聲的泛音是非諧泛音 (inharmonic overtone)。一個聲音裡面包含許多泛音，如果泛音頻率彼此呈整數比，這些泛音就是諧和的，特別稱為諧音 (harmonic)，其中第一諧音稱為基音 (fundamental)。若某個泛音的頻率不是基頻（基音頻率）的整數比，

則該泛音為非諧泛音。打擊樂器的結構形狀與邊界條件會影響其固有頻率的比值，它們通常不會呈整數比。

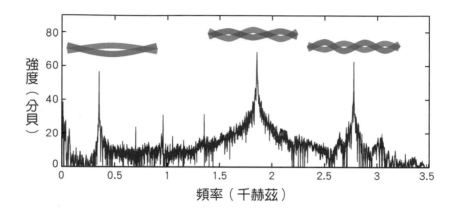

♪ 圖 1–1　鐵琴某個音磚的聲音頻譜及固有振態
頻譜的三個主要尖峰為此振動體的固有頻率，尖峰上方顯示其固有振態。

　　春秋戰國時期的編鐘，是早期樂器中特別精巧的作品。編鐘的形狀較扁，兩側尖凸，外型就像兩片合起來的屋瓦，因此稱為「合瓦狀」。圖 1–2 顯示編鐘橫截面上的兩個固有振態，敲打編鐘的中央位置和側邊位置時，激發的固有振態不一樣，所以振動頻率也不一樣。編鐘所謂的「一鐘雙音」，就是指敲打鐘體中央所發出的「正鼓音」，以及敲打鐘體側邊所發出的「側鼓音」（請觀看影片 2）。筆者曾經測量某一個編鐘的音高，發現側鼓音的頻率大約是正鼓音頻率的 1.2 倍，換句話說，正鼓音與側鼓音形成了小三度 (minor third) 音程。

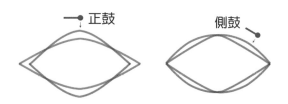

♪ 圖 1-2　編鐘橫截面上的兩個固有振態
此圖僅為示意圖，實際的振幅比圖上所示更小。

以上鐵琴與編鐘的例子，都屬於線性振動系統。在這種系統裡面，回復力跟該質點的位移（偏離靜止位置的距離）呈線性關係。一個線性振動系統的任何振動，大致上都是幾個固有振態疊加的結果。這些固有振態的頻率不會隨著時間而變化，因此音高穩定的打擊樂器通常屬於線性振動系統。

不過也有少數的打擊樂器屬於非線性振動系統。有些鼓的聲音會往下滑，展現了非線性的特質，這種聲音是因為回復力並非跟鼓面的位移呈正比；鼓面振幅較大時頻率較高，而振幅變小後頻率降低，因此聽起來就是一個下滑音。另外，京劇小鑼會發出上滑音，這也是源於非線性的特質；鑼面振幅較大時頻率較低，而振幅變小後頻率升高，因此聽起來就是一個上滑音。

撥弦樂器的音色

一根弦若兩端固定，其振動可以分解為駐波，而駐波就是這個一維振動體的固有振態。理想弦的駐波，其固有頻率會呈整數比。

撥弦樂器的發聲是來自演奏者讓琴弦產生初始位移，並使弦自由振動，而弦的振動會傳到琴板上，再藉由琴板的振動發射出聲波。

琴弦的初始位移決定了各駐波的能量分布，也影響音色的亮暗。撥弦位置若遠離中央，高頻的駐波分配到較多能量，因此音色較亮；撥弦位置若偏向中央，主要是激發低頻的駐波，因此音色較暗。圖 1–3 比較了同一根吉他弦的頻譜。撥弦位置若在弦的 1/10 處，高頻諧音能量較強；撥弦位置若在弦的正中央，不僅高頻諧音能量變弱，且頻率為基頻偶數倍的諧音幾乎消失。這是由於弦的初始位移具有對稱性（兩側對稱），因此所激發的駐波也同樣具有對稱性。

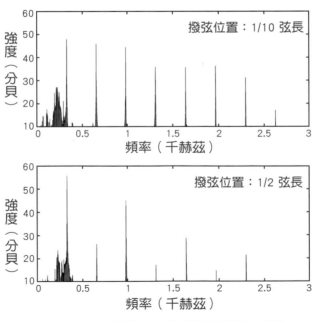

♪ 圖 1–3　吉他的第一弦所發出的聲音頻譜

　　不少弦樂器都有所謂的泛音演奏技巧，這種奏法是輕點琴弦的 $1/N$ 處，造成特殊的邊界條件，此時第 $N \times M$ 階的駐波可以被激發（N 與 M 為整數）。有趣的是，這種演奏技巧是讓整條弦都振動，而且弦的兩個端點都比較堅固穩定，因此聲音的衰減型態跟實按琴弦不同。圖 1–4 比較了在同一根吉他弦上彈奏發聲的聲波與頻譜，按弦位置在弦長的 1/6 處。實按琴弦跟輕點琴弦（泛音奏法）的聲音頻譜都有一系列的諧音，而聲波的時間包絡 (temporal envelope)，兩者有明顯差異。輕觸琴弦所奏出的聲音，衰減型態比較平穩，延續較久，類似於鐘聲，因此也稱為鐘音（請觀看影片 3）。

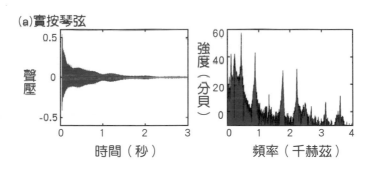

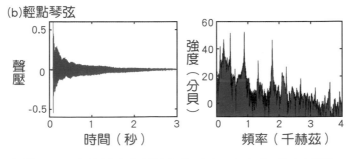

♪ 圖 1–4　吉他聲音的聲波包絡（左圖）與頻譜（右圖）

　　決定音色的因素主要有兩個，其一是聲波的時間包絡，這是屬於時域 (time domain) 的資訊；其二是聲波的頻譜成分 (spectral component)，這是屬於頻域 (frequency domain) 的資訊。實按琴弦跟輕點琴弦（泛音奏法）的聲音，頻譜成分大致類似，兩者的音色差異主要是因為聲波的時間包絡不同。

　　剛剛提到，一根理想弦上的駐波，其頻率呈整數比。但真實的琴弦呢？筆者曾經測量過大鍵琴 (harpsichord) 聲音的頻譜，發現低音弦的泛音會偏離基頻的整數倍（圖 1–5）。事實上科學家早已算出以下公式，預測泛音頻率的偏離：$f_n = nf_1(1 + \beta + \beta^2 + \frac{n^2\pi^2}{8}\beta^2)$。其中，$f_n$ 是第 n 泛音的頻率，β 是弦之材質所決定的常數。

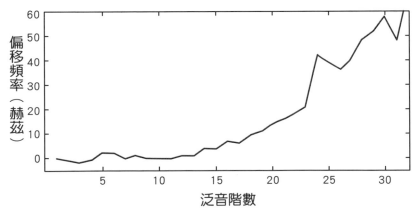

♪ 圖 1–5　大鍵琴聲音的泛音，其頻率偏離基頻整數倍的趨勢

　　造成這個頻率偏移的原因，是真實琴弦的回復力裡包含了彎力 (bending force)。由於在考慮理想弦時已忽略其粗細，因此理想弦完全沒有彎力，但這種彎力在一些較粗的低音弦上有時不可忽略。

　　雖然撥弦樂器之低音弦所發出的聲音中，泛音會偏離基頻的整數倍，但這種聲音依然有清晰的音高。有趣的是，當大鍵琴音樂的低頻被其他聲音遮蔽時，其高頻泛音就無法造成清晰的音高，此時的大鍵琴聲音有比較明顯的敲擊感，聽眾會更注意它的節奏。

♪♪ 擦弦樂器與自激震盪

　　要讓琴弦振動，除了吉他的撥、刷奏法，以及鋼琴、揚琴上的擊弦奏法之外，還有另一種方式，那就是摩擦琴弦。《舊唐書·音樂志》載：「軋箏，以竹片潤其端而軋之」，指的就是古人以細長竹片擦弦演奏的方式。後來的擦弦樂器改為以弓毛擦弦，並且利用松香增加弓毛與琴弦之間的摩擦力，音色也因此變得圓潤許多。

　　擦弦演奏可以產生穩定、持續的聲音，這跟之前介紹的打擊樂器、撥弦樂器不一樣；這個差異看似不足為奇，但卻標誌著一條深刻的界線，這條線將本文分成涇渭分明的兩個部分。出現在本文第一部分的樂，所發出的每個聲音必然都會漸弱，最後完全消失；而出現在本文第二部分的**擦弦樂器及管樂器，則屬於自我激發震盪系統**（self-excited oscillator，以下簡稱「自激震盪」），這種系統可以產生連綿不斷的聲音，外界只要給予穩定的弓速、氣流或氣壓，系統便會「自己找個頻率」持續振動。自激震盪現象直到十九世紀才受到科學家的注意。其實除了樂器，在時鐘、聲帶、心臟中都存在這類現象。此外，自激震盪在金融和宏觀經濟學中也有些應用。

　　為了介紹自激震盪的一些有趣特質，以下舉出小提琴為例，說明這種樂器的各個元件如何協同運作，產生穩定的聲音。

　　小提琴有三個主要的元件。第一個元件是主要共振體 (primary resonator)——琴弦，當它被激發時，通常會以它的其中一個固有頻率做振動。第二個元件是聲波發射體 (acoustic radiator)——琴板，它接收琴弦的部分振動能量，利用平面的振動讓周遭空氣產生疏密變化，發射聲波。第三個元件是能量輸入端——弓毛與琴弦的交互作用，琴弦在一次往返振動中，會有一段時間由弓毛拖著琴弦運動，此時弓毛藉由靜摩擦力對琴弦作功，將能量輸入琴弦，而其他時間則是琴弦跟弓毛反向運動，此時動摩擦力造成琴弦動能的耗損（請觀看影片 4）。在振幅達到穩定的狀況下，輸入的能量等於耗損的能量。

　　上述弓毛與琴弦的交互作用有個重要的特性，那就是跟主要共振體產生耦合，這讓該系統建立了一個迴圈。也就是說，弓毛讓琴弦振動，反過來，琴弦的振動則可以保證能量的輸入，這是自激震盪能保持穩定振動的關鍵（圖 1–6）。撥弦樂器雖然也有主要共振體與能量輸入端，但這兩個元件沒有構成迴圈，因此撥弦瞬間輸入能量後，琴弦的振動必然逐漸衰減，最後靜止，無法持續振動。

　　這裡必須釐清一下，自激震盪系統並不是自己可以一直獨立振動的系統，它不是永動機！自我激發震盪中的「自我」，主要是指**系統所受的外力並非時間的顯函數**，系統傾向以固有頻率來振動，「自行」從外界獲取能量，不勞外力「操心」。跟自激震盪形成對

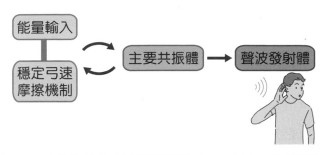

♪圖 1-6　小提琴作為自我激發震盪系統，三大元件之間的關係
「能量輸入」這個元件，在不同樂器中有不同的機制，而小提琴中是穩定弓速的摩擦機制。

比的，是受迫震盪 (forced oscillation)。受迫震盪的外力是時間的顯函數，例如大人在幫小朋友推鞦韆時，就必須在特定時間推一把。等到小朋友自己知道怎麼盪鞦韆時，大人就不必操心了；只要給小朋友水跟食物（能量），他就會自己一直盪下去。

　　自激震盪的另一個特質為負阻尼 (negative damping)。前面提到，琴弦在一次往返振動中，有時由弓毛以靜摩擦力拖著琴弦運動，此時外力跟琴弦的運動同向，因此可以視為負阻尼。在一個線性振動系統中，如果阻尼是負的，則振幅會呈指數增長，不可能維持穩定的振動，因此能夠做自激震盪的系統，都具有非線性的特質。舉例而言，小提琴家運弓演奏一個音時，在聲音的起始階段中，負阻尼會造成振幅呈指數增長，接下來，該系統的非線性特質就會去限制振幅，不至於讓它無止境地增加下去，於是振幅就會趨於穩定。

　　從非線性物理學或動態系統的角度來看，樂器的振動型態可以

依照其吸子 (attractor) 作分類。 一個系統若具有朝向某個穩態發展的趨勢，這個穩態就叫做吸子，它可以分成幾大類。打擊樂器跟撥弦樂器以不動點 (fixed point) 為吸子， 意即這類樂器的振動終將歸於靜止。以某頻率做自激震盪的擦弦樂器與管樂器，則是以極限環 (limit cycle) 為吸子 ； 這種振動具有週期性， 因此根據傅立葉分析 (Fourier analysis)，其聲音可以分解為諧音，每個諧音的頻率都是振動頻率的整數倍。 另外， 有些簧片樂器的振動是以整數維環面 (torus) 為吸子，也就是準週期吸子 (quasi-periodic attractor)。吸子與極限環的概念， 可以讓我們進一步瞭解諧音的產生原理， 在本文「簧片類樂器與諧音的產生」該節中，會再度回到這個議題。

♫
管內聲波與邊界條件

俗稱的管樂器，又稱為氣鳴樂器 (aerophone)，也就是利用氣流來發出聲音的樂器。大部分的管樂器都有管狀的共振腔，但少數的管樂器則具有近似球狀的共振腔，例如塤。這一類型的樂器，其主要共振體都是共振腔內的空氣。氣鳴樂器大致可以分成兩種，第一種是簫笛類樂器 (flute instrument) ， 第二種是簧片類樂器 (reed instrument)。

之前提到的撥弦樂器，弦的邊界條件通常為兩端固定；相較之下，管樂器的主要共振體則有更複雜的邊界條件，管之末端有「開口」與「閉口」的差別。長笛、直笛、洞簫的管，兩端開口，稱為

開管；單簧管的管，吹嘴端為閉口，另一端為開口，稱為閉管。如果管徑均勻，則開管中空氣柱的駐波頻率比為 1：2：3：4……，閉管中空氣柱的駐波頻率比為 1：3：5：7……。值得注意的是，以上所述，只是簡化後的理想狀態。

在真實世界中，管子開口端的邊界條件相當複雜，不像繩子的自由端，享有「單純的自由」。管子的開口處並非一片真空、毫無著力之處，而是有空氣等著被推動。管內駐波在管口大多會發射聲波，推動外頭無限寬廣的空氣，這些空氣對管內駐波會有所影響。如果只考慮低頻的駐波，只要用管口修正 (end correction) 就能處理管口發射聲波的問題。所謂的管口修正，是假想管子在開口端向外延伸了 $0.6\,r$，其中 r 是管子內緣的半徑。換言之，管內駐波的壓力波之波節，並非正好位於管口，而是位於管口外 $0.6\,r$ 處。如果進一步考慮高頻的管內駐波，則其在管口發射聲波的效果需要用 Bessel 函數來描述。

喇叭口的聲波發射是另一個相當複雜的現象，此處僅指出兩個重點。第一，較高頻的聲波在喇叭口並不會反射，而是直接傳出去，因此無法形成駐波。第二，頻率低於截止頻率 (cutoff frequency) 的聲波，在喇叭中隨著距離頸口愈來愈遠，振幅會呈指數衰減，還沒抵達喇叭口便已幾乎「陣亡」，故難以在喇叭口發射聲波。基於以上這些效應，具有喇叭口的管樂器，高頻諧音相對較強，音色偏亮。

簫笛類樂器的噴流與聲波發射

簫笛類樂器的發聲，通常是源於某個氣流噴向一個尖銳邊緣，該噴流在這個尖銳邊緣附近做週期性擺盪（請觀看影片 5）。噴流本身具有不穩定性 (jet instability)，因此當共振腔內的空氣駐波對噴流產生些微影響時，噴流很容易改變方向，在尖銳邊緣附近擺盪。共振腔內的空氣駐波振動頻率，就是噴流的擺盪頻率。噴流的每次擺盪都會向共振腔注入空氣，這會對其內的駐波輸入能量，故能維持駐波的振動。就像許多自激震盪系統一樣，簫笛類樂器的能量輸入端跟主要共振體形成了迴圈，讓振動得以持續下去。

多數的簫笛類樂器並沒有獨立的聲波發射體，共振腔內的空氣振動本身就會發射聲波。在古今中外的笛類樂器中，似乎只有中國笛與韓國的大笒（taegum，一種低音大笛）具有獨立的、非線性的聲波發射體，那就是笛膜，因此這類笛子也可以稱為膜笛 (membrane flute)。在中國笛與大笒的笛身，吹孔與第一指孔之間有個膜孔，上面貼了一層薄膜。笛膜就像某些鼓一樣，在振幅較大的時候，回復力不再跟位移成正比。這個非線性特質，讓笛膜能夠把一部分的低頻振動能量轉移到高頻。

一般而言，笛類樂器的諧音遠不如簧片類樂器來得豐富，但膜笛的笛音卻有很強的高頻諧音，這是因為膜笛有兩個發射聲音的振動體：管內駐波、笛膜。管內駐波從吹孔或管口所發射的聲波以基

音最強，並沒有豐富的諧音；相反的，笛膜所發射的聲波以高頻諧音為主，基音相對比較弱。

笛膜的振動是由管內的壓力聲波所驅動的，而管內的聲波則以基音為主。所以粗略而言，笛膜可以視為受到正弦函數的外力所驅動，尤其在膜笛的中音域更是如此，此時笛膜位於基音之壓力波的波腹附近。為什麼笛膜所發射的聲波以高頻諧音為主？關鍵在於笛膜是個非線性振子，因此即使只受到基音所驅動，它也會發射出豐富的諧音。

所謂的「笛膜音」，其特色就是在 4,000～7,000 赫茲 (Hz) 的頻率範圍有較強的諧音。由於其他的樂器聲或歌聲在此頻率範圍的強度都遠比膜笛弱，因此膜笛的脆亮音色能夠突破各種聲音的重重包圍。在演出戲曲時，膜笛可以將曲調清楚地傳送到演員、樂師、觀眾的耳中，相當適合作為領奏樂器。

♫
簧片類樂器與諧音的產生

在演奏簧片類樂器時，需要在吹嘴之前的腔體中（通常是口腔）維持一個較高的固定氣壓，吹嘴處有個像閥門的簧片產生週期振動，導致進入管中的氣流規律變化（請觀看影片 6）。就簧片的性質而言，簧片類樂器中的簧片可以分為竹片簧、金屬簧、唇簧、聲帶簧⋯⋯等。簧片開闔所造成的氣壓變化，會向管內空氣柱（主要共振體）的駐波輸入能量；而另一方面，該駐波在吹嘴處（相當於

閉口端）造成的壓力變化，可以反過來維持簧片的振動。就像許多
自激震盪系統一樣，簧片類樂器的能量輸入端跟主要共振體形成迴
圈，讓振動得以持續。

　　簧片類樂器可以讓我們重新思考駐波跟諧音的關係。在單簧管
上面演奏低音時，它大致可以視為閉管。由於管內空氣柱的駐波頻
率比大約是 1：3：5：7……，因此在閉管的共鳴效果下，低頻的奇
數倍諧音比偶數倍諧音強得多（圖1–7）。當單簧管演奏低音時，每
個低階的奇數倍諧音大致對應到一個管內駐波。不過實際上駐波的
頻率比並沒有完美地呈整數比，因此以上的描述並不精準。當單簧
管演奏中高音時，以上的敘述就完全不成立了。只有在非常理想的
狀況下，管樂器發出的聲音，每個諧音才會對應到一個管內駐波。

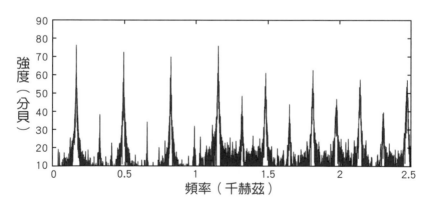

♪ 圖 1–7　**單簧管的低音頻譜**
單簧管簧片本身發出的聲音中，奇、偶數倍諧音的強度差不多，然而經
過閉管的共鳴之後，頻譜上低頻的奇數倍諧音便會比偶數倍諧音強得多。
這種頻譜特徵造成了單簧管在低音域的特殊音色。

　　另外還有一些簧片發聲的例子同樣可以讓我們知道諧音跟駐波無關。吹口琴時，並沒有任何空氣柱形成駐波。口琴簧片之所以做週期振盪，是因為其自我激發震盪以極限環為吸子，而簧片每次振動釋出的氣流量 $U(t)$，其波形決定了諧音的能量分布。同樣的，聲帶之所以做週期振盪，是因為它的振動以極限環為吸子。兩瓣聲帶之間的縫隙稱為聲門 (glottis)，當聲帶每次振動時，都會造成聲門開闔，而通過聲門的氣流量之波形決定了諧音的能量分布。這些諧音的頻率通常跟其上方空氣柱的駐波沒什麼關係。例如成年男性以真嗓發出 /a/，其基頻約為 120 赫茲，遠遠低於聲道 (vocal tract) 內駐波的頻率（850 赫茲、1,600 赫茲……等）。聲道是嗓音的共鳴腔，下方的閉口處是聲帶，上方以鼻孔及嘴唇為開口。聲帶振動會產生許多諧音，其中頻率接近聲道駐波頻率的諧音會被放大，換言之，聲道的共鳴效果就像是對原本的聲音做了濾波 (filtering)。我們對於這種被聲道修飾過的嗓音相當熟悉，相反的，聲帶振動所發出的原本聲音，我們聽起來就會覺得很怪異。

　　理想的弦與管，其駐波的頻率呈整數比，而且一個諧音會對應到一個駐波。然而，當管樂器與擦弦樂器成了非線性的自激震盪系統，它們在發出聲音時，其個別的諧音並不會一一對應到駐波。管樂器與擦弦樂器之所以能夠發出週期性聲波（諧音頻率呈整數比），原因只有一個：該震盪系統的吸子為極限環。

♫

聲帶與嗓音之謎

在各種簧片裡面，唇簧跟聲帶簧比較類似，它們都是柔軟的肉。其中，嘴唇沒有特化為專門用來振動發聲的器官，因此其結構比較單純。另一方面，聲帶為了產生各種幅度、各種頻率的振動，已演化出相當複雜的結構。人類的聲帶分為上皮、飽含水分的 Reinke's space、聲帶韌帶、聲帶肌等數層，這樣的分層結構讓聲帶的淺層和深層有著不同的物理性質，這可以增加發聲效率，並減少振動時的能量損耗與組織傷害。

為了理解聲帶的振動，過去的學者曾經提出活塞模型與水波模型，前者著眼於機械結構，後者則從流體力學切入。活塞模型認為，聲帶的深層可以用一個活塞來代表，而聲帶的淺層則有上下兩個活塞，這三個活塞彼此以有阻尼的彈簧相連，振動時做水平運動。而筆者提出的水波模型則認為，Reinke's space 中的水波是聲帶振動最劇烈的部分，當胸腔擠出氣流，聲帶的波動由下往上傳遞，就像海浪隨著海風前進。在水波模型中，聲帶上皮的張力就像海浪所受的重力，提供了波動所需的回復力；而聲帶韌帶就像海床上的水草，可以避免水波對於海床造成侵蝕（聲帶組織受傷）。此外，每次振動時，有彈性的聲帶韌帶可以將部分動能轉換成位能，並在適當時機將位能釋放為動能，加速聲帶的振動。

　　以上這兩個模型對於聲帶的振動型態做出迥異的預測。活塞模型認為，聲帶深層應該是做水平運動；而水波模型則預測，聲帶深層進行垂直運動（圖 1–8）。這兩者究竟誰會勝出呢？筆者用醫學超音波進行檢測，發現人類在發聲的時候，聲帶深層是進行垂直運動，因此水波模型勝出。

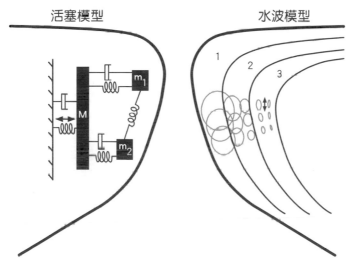

♪ 圖 1–8　關於聲帶振動的兩種模型
水波模型中，數字 1 代表 Reinke's space，數字 2、3 分別代表聲帶韌帶的淺層與深層。在以上兩個模型中，紅色箭頭代表該模型所預測的聲帶深層運動方向。

　　聲帶中富含水分，這是它能夠保持柔軟、容易大幅振動的關鍵。聲帶內的玻尿酸 (hyaluronic acid) 可以有效地「鎖住」水分。如果水分不足，聲帶的振幅會變小，導致氣音變多，或者，聲帶的振動會變得不規則，導致嗓音沙稜不純。

　　聲帶本身的構造相當複雜，而想要精準地調控它，也絕非易事。目前已知有 22 條肌肉參與調控聲帶。其中，環甲關節 (cricothyroid joint) 是人體中最複雜的關節之一，它讓杓狀軟骨 (arytenoid cartilage) 有不同的運動方式，包括：向上往外打開聲帶、向下往內閉合聲帶的搖動 (rocking motion)，還有往後打開聲帶、往前閉合聲帶的滑動 (gilding motion)。這些動作可以改變聲帶的位置與長度，從而改變嗓音的音色與頻率。

　　每個人的歌唱音域都不太一樣，在歌唱教學中，老師應該要為他們作適當的分類。西洋古典聲樂老師經常以其教學經驗，將學生分類為男高音、男中音、男低音、女高音、女中音……等，而近年的科學研究則提出客觀分類的可能性。一項研究分析了 132 位年輕歌手的上半身 X 光影像，結果顯示，不同類別之歌手的聲道長度呈現系統性差異，而且聲道長度與第一節氣管前後徑長度顯著相關，這意味著聲道長度與聲帶長度有著密切的相關性。大致而言，音域較低的人不僅聲帶較長，聲道也較長。

　　除了西洋古典聲樂外，世界上還有許多不同的歌唱文化，它們對於歌唱技巧、音色的講究都不太一樣。界定不同歌唱風格傳統上屬於人文藝術的範疇，而近年來，也有一些科學家嘗試找出區別不同歌唱風格的客觀指標。一項研究測量了不同歌唱風格的聲音頻譜、喉電圖 (electroglottography)、口腔內部氣壓、喉部氣流……等，結果發現，搖滾唱法在 3,000 赫茲附近有個頻譜高峰，而其他幾種風格則是在 2,700 赫茲附近有個高峰。此外，從聲門閉合的運動方

式來看，搖滾唱法比其他風格更接近擠壓式 (pressed) 發聲。

　　有關歌唱的科學研究中，目前最令人好奇的一個謎題可能是喉音唱法 (throat singing) 的物理機制。這種唱法源自中亞，喉音歌手可以藉由加強歌聲中特定的諧音，同時產生兩個音高。其中，較低的音高是不變的低音——也就是該聲音的基頻 （聲帶的振動頻率）——而較高的音高則來自某個被加強的諧音。當喉音歌手依照特定順序加強不同的諧音時，便能在高音域產生一個上下起伏的旋律。有趣的是，此時這位歌手的聲帶振動頻率並沒有變化，而是聲道的形狀產生了變化。

　　在一個歌聲中 ， 某個被加強的諧音之所以能夠產生清晰的音高 ， 是因為它在頻譜圖上 「鶴立雞群」，比相鄰諧音強 12 分貝以上。近年有論文用聲道濾波模型來解釋喉音唱法，但仍無法說明為什麼有一個諧音會特別凸出。

　　喉音唱法中有個技巧稱為卡基拉 (kargyraa)，此唱法會讓聲帶上方的假聲帶也參與振動，其振動頻率是聲帶的一半，因此歌聲的音高可以低於一般男性嗓音的音域，有時甚至低於 70 赫茲。圖 1–9 為卡基拉歌聲的頻譜 ， 聲道的濾波效應可以解釋第 12 諧音比相鄰諧音強 4～7 分貝，但卻無法進一步解釋更大的強度差距。筆者認為，第 12 諧音之所以比相鄰諧音強 12 分貝以上 ， 或許是因為渦旋 (vortex) 在聲道共鳴之下產生了這個高頻音 。 人跟狗都可以發出約 5,000 赫茲的微弱純音 (pure tone) ， 這種聲音即來自於咽部的渦旋（請觀看影片 7）。另外，根據國外學者所做的數值模擬研究，聲帶

每次振動時，從兩片聲帶之間衝出的氣流會產生渦旋，而此一渦旋會影響通過聲門的氣流速度。咽喉的渦旋在發聲時究竟扮演什麼角色，尚待未來的實驗為我們解謎。可想而知，要測量咽喉的流場應該是個相當大的挑戰。

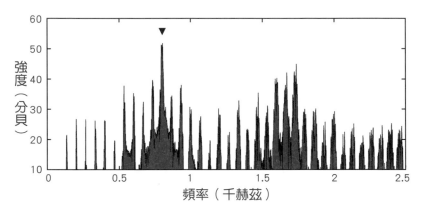

♪ 圖 1–9　卡基拉唱法的聲音頻譜

這種唱法可以同時產生兩個音高，其一為基頻，也就是頻譜成分的間距，其二是來自特別凸出的某個諧音。此圖由▼所示的第 12 諧音獨立產生了一個音高。

　　人類的歌聲複雜多變，而自然界中也有少數動物的唱功不輸人類，甚至勝過人類。鳴鳥的發聲器官稱為鳴管 (syrinx)。有些鳴鳥可以準確唱出快速上下跳躍的音符 （圖 1–10），其發聲機制至今仍是個謎；大翅鯨的歌唱音域橫跨五個八度，嘶吼音深宏寬闊，頗具張力；蝙蝠的歌曲文化相當多元，其聲帶的邊緣有特殊的凸出構造，這或許是蝙蝠能夠發出超音波的一大關鍵。

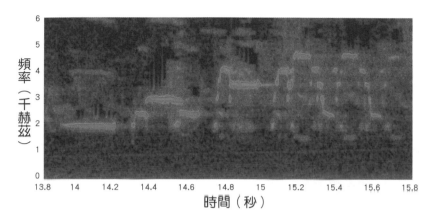

♪ 圖 1-10　隱士夜鶇 (hermit thrush) 歌聲的時頻譜 (spectrogram)
從第 15 秒至 15.7 秒，這隻隱士夜鶇唱了大約三十個音（請觀看影片
8）。

結語：實用與趣味

在本文中，我們快速瀏覽了樂器與嗓音背後的物理機制。像這
種人文藝術與自然科學的融合，在正規教育中比較不易碰到，而是
需要一些特殊的機緣。此外，如果學習者具有**不計實用價值**的浪漫
情懷，也許更容易受其吸引。

筆者在柏林洪葆大學文學院所撰寫的博士論文，內容涉及樂器
的物理實驗。由於文學院無法提供做實驗所需的資源，於是筆者遠
赴澳洲的新南威爾斯大學 (University of New South Wales) 物理學
系，使用其「音樂聲學實驗室」的器材來做實驗。這間物理實驗室
以樂器研究為主，讓我大開眼界。該實驗室曾經發表數篇頂級期刊

論文，頗具名氣。但是實驗室主持人沃夫 (Joe Wolf) 教授有點無奈地告訴我，在樂器物理學這個領域不易找工作；從音樂聲學實驗室畢業的博士，後來多半從事有關語音處理的工作。

　　樂器的基礎研究通常不會成為正職，其中最主要的原因就是缺乏實用性；無論是演奏樂器或製造樂器，**經驗法則都比基礎原理更實用**──試想，假如棒球投手在投球之前苦思跟變化球有關的流體力學，他還能投出犀利的變化球嗎？製造棒球的工廠，是因為研究人員完全算出球上縫線對於氣流的影響，才設計出縫線的嗎？並不是──同樣的道理，音樂演奏者與樂器製造者即使不瞭解樂器的物理學，他們還是能演奏音樂、製造樂器。反過來說，一位科學家就算能夠解析聲帶內部的振動、模擬咽喉附近的氣流、計算聲道的共鳴效果，他可能還是不太會唱歌。

　　樂器的發聲原理比較適合當成科學教育的有趣教材，這可以說是它的「無用之用」。本文介紹了各種樂器背後的物理機制，希望揭示此一領域的迷人面貌。雖然音樂的基礎科學研究無法立即展現實用性，但是在未來的某一天，這些知識或許會帶來意想不到的啟發。

chapter 2

音樂製作：
聲音的錄製與有趣的混音

講者｜德國 msm-production 音樂製作人／
　　　大米音樂總監　楊敏奇
彙整｜林泳亨

♫

前　言

　　近年來隨著眾多影音創作平臺的興起，自媒體產業興起的風潮也快速地拓展於每個人的行動裝置中。許多不同年齡層的創作者也紛紛投入自由創作的趨勢中，也有著將自己的信心之作商業化的企圖心；其中，「聲音」不論是在影片、音樂以及 Podcast 等類型的作品中，皆是重要的一環，因此本期內容將藉由說明聲音流通的訊號流、錄音器材和後期混音的工作內容，介紹如何透過錄音以及混音詮釋創作者的創意、靈魂所在。最後也給予希冀踏入這塊領域的後進一些勉勵。

♫

做音樂前需要思考的幾件事

　　從二十一世紀、千禧年世代開始以來，所謂宅錄 (Home studio) 的興起帶動了許多創作者投入這項產業，積極地將自己的作品上傳至網路中自娛娛人。而在近十年來，眾多網路影音創作平臺和各自營利制度的興起，又更創造了一波紅海市場，許多網紅創作者也如雨後春筍般出現。而聲音便是在各類影音創作中不可或缺的要素之一。

　　聲音是來自於空氣受到振動以及壓縮所產生的聲波，理應是沒有感情的；但在經過適當的調理、混合下，可以成為調劑人們的心

情、提供資訊的媒介。而在數位化的時代下，更能將其快速傳播至上千萬、甚至是上億人的耳中，因此如何保留情感於聲音作品中、得以感染聽眾便是個重要的課題。 在思考如何將感情投放於作品前，應先回過頭反思自己做音樂的目的為何，是為了娛樂自己、分享給大眾？ 抑或是將其商業化？ 撇除單純分享以及自娛娛人的想法，商業化除了聲音要耐人尋味外，瞭解創作的流程、如何為作品創造、提升競爭力，以及創作者將娛樂轉換成事業的心態轉變等，都是必經的路途。

♫ 音樂錄製的地圖：訊號流

　　想要將自己的聲音記錄至電腦中並進入編輯製作，訊號流便是必經的道路。 所謂訊號流 (Signal Chain) 指的是聲音從發聲體傳出後，再透過麥克風轉換成電子訊號並傳至電腦的過程（圖 2-1）。而在訊號流的每個步驟中，則是需要根據錄音環境和個人需求去調整硬體以及軟體。以下就細細分析整個訊號流各項要件的用途，以及在整個系統中的重要性。

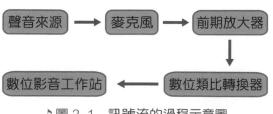

♪圖 2-1　訊號流的過程示意圖

聲音來源 (Sound source)

　　聲音來源為整個訊號流中最重要的要素之一，可以分為人聲以及樂器聲 。 即使有精密的硬體設備和昂貴的混音軟體或插件作支撐，但若缺乏品質好的聲音來源，仍然難以創作出完善的作品。因此在創作之前，需要考量到幾項影響品質的因素，包含：錄音場地、樂種、人聲性別以及預算，這些都應該作為錄音方式選擇的考量。

麥克風 (Microphone)

　　根據不同的收音方式，麥克風常見的類型大致有三種：動圈式麥克風 (Dynamic) 、 電容式麥克風 (Condenser) 以及緞帶式麥克風 (Ribbon)。 使用者需要根據錄音的場地、 音樂種類需求以及預算去做各類麥克風的選擇。

動圈式麥克風

　　動圈式麥克風是由振膜、線圈以及永久磁鐵所組成（圖 2-2），原理是利用聲音振動振膜來帶動線圈在磁場中來回移動，進而產生感應電流作為電訊號的生成 。 動圈式麥克風具備指向性 （收音範圍）狹小、承受較高音壓的特性，因此適合在有適當距離以及需要手握麥克風的場合使用，譬如演講或是演唱會的現場。

電容式麥克風

　　電容式麥克風的原理是利用電容值的不同來產生電訊號差異。當聲音傳遞至麥克風上的振膜時，在固定基板的情況下，振膜和基板的間距會隨著聲音不同發生改變，而電容值也會產生變化，造成

不同的電訊號 （圖 2–3）。電容式麥克風通常體積較動圈式麥克風小、收音範圍較大，且隨意晃動會導致錄音品質下降，因此並不適合手握，建議搭配麥克風架做使用。綜合以上兩個特性總結，電容式麥克風較適合在室內使用，而且單價較高。

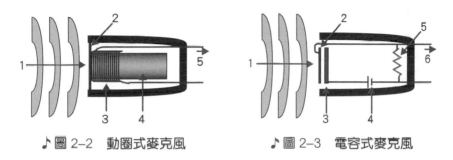

♪圖 2–2　動圈式麥克風　　　　♪圖 2–3　電容式麥克風

緞帶式麥克風

緞帶式麥克風的收音原理是利用在磁鐵兩極之間放入鋁製的波浪片，並透過波浪片在磁場中振動來產生電訊號。由於鋁條重量、體積相對輕薄的緣故，緞帶式麥克風對於聲音產生的空氣壓力較為敏感，所錄製的聲音會較上述兩種麥克風更為細緻，因此常被用於專業的錄音室中。

在麥克風的選購上，除了以上的分類，特別需要考慮的是麥克風的收音範圍，因為這會影響到是否可以確實收錄發聲體的聲音。依照收音範圍的不同，可以將麥克風大致分為**全指向式、心型指向式、超心型指向式、槍型指向式、雙指向式**（圖 2–4），創作者可以依據所要收錄的音種、數量為何來作為選擇的考量。假如需要收錄單一人聲，單一指向的槍型指向式或是心型指向式便會是比較好的

選擇；反之，在大型演奏現場，便會需要全指向式的麥克風。

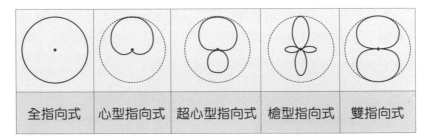

♪圖 2–4　全指向式、心型指向式、超心型指向式、槍型指向式、雙指
向式的麥克風

前期放大器 (pre-amp)

由於麥克風所產生的電訊號電流較小，需要利用放大器才能使
人耳聽到且分辨。而電容式麥克風則是特別需要利用接線中的 XLR
線輸出幻象電源 (Phantom power) 或是 Hi-z (High impedance) 給麥
克風或是電吉他使用，不然其中的電容沒有過電是無法運作的，因
此可以將前期放大器視為麥克風的電源。需要注意的部分是，在麥
克風過電時，切勿輕易拔除線材，否則可能會造成器材短路燒壞而
無法使用。

數位類比轉換器 (Analog/Digital converter)

在過去類比訊號的年代中，人類是利用磁粉來作為記錄聲音的
工具。在錄製時，是利用盤帶機對磁帶實體的剪與接來達到對聲音
的編輯。但是進入數位時代後，在收到麥克風經過放大器所傳來的
放大電訊號時，需要利用數位類比轉換器將振幅忽大忽小的弦波電

訊號轉為類似長條圖的電訊號，以方便電腦接收、辨識訊號（因為電腦僅能辨識出由 0 和 1 所組合成的訊號）。在轉換的過程中，根據情況會有不同的取樣頻率 (Sampling frequency)，同樣的聲音如果以不同的取樣頻率記錄，便會有所差異。相較過去的黑膠唱片，此種記錄方式會因為取樣的關係捨棄部分訊號，但是因為大部分人耳無法辨識其中差異，因此也可以有類似的記錄效果。如此一來不僅得以減少雜訊，也可以減少資料大小、方便存取。這便形成了有趣的現象，當人們愈積極尋求視覺上的清晰，資料量便愈來愈大；然而，對於聲音的要求則是資料量愈來愈少。

輸出介面、監聽以及電腦

　　在輸出介面中可以調控收到的音訊的增益 (Gain) 大小、聲音大小等數值；需要注意的是，如果增益調太高，便會使聲音的振幅過高，也就是俗稱的破音。監聽是讓混音師可以在錄製過程中檢測音樂的狀況以方便判斷，盡量減少過程中的延遲，可以提高在混音過程的工作效率。電腦則是需要搭配混音軟體來進行儲存檔案、後製處理，也被稱為數位影音的工作站 (Digital Audio Workstation, DAW)。將音訊輸入電腦的方式可以分為 Thunderbolt、USB/Type-C、Dante/AoIP 三種。由於科技的日新月異，在錄音產業中對於硬體的變化也日漸革新。譬如以往經常使用桌上型電腦作為工作站，但現今由於電競產業的興起提高了筆電的效能，因此筆電也可以作為錄音師的利器之一。

♫

開始錄製你的第一部作品

在熟悉訊號流的流程以及要件後，接下來便正式開始進入錄製的環節了。在錄音前的準備工作中，需要考慮到許多的要素，包含：要錄製的樂種、決定錄音方式以及混音。

錄製的樂種

在前面提及訊號流的「聲音來源」時，知道了發聲源可以分為人聲以及樂器聲。在開始錄製前，必須根據錄音的需要選擇使用適當的麥克風。譬如今天是在一個演唱會現場、歌手需要走動的場合下，勢必需要使用動圈式麥克風；而最近引起風潮的 Podcast，經常是在一個較靜態的地點錄製，因此使用電容式麥克風會是比較適當的選擇。除了收音方式外，麥克風與聲音來源的距離以及收音範圍都是需要注意的部分。一般會認為，麥克風與發聲體距離愈近，錄音效果愈顯著。然而樂音之所以美妙，重點在於駐波❶的形成。當在錄製樂器聲時，麥克風需要與樂器有一段適當距離才能使駐波形成；而在人聲的部分，當人聲愈靠近麥克風，近場效應則會愈明顯，會產生俗稱較厚的聲音，因此需要根據使用者的需求以及喜好來決定擺放的距離。麥克風的收音範圍則是需要由使用者的需求來

---

❶ 駐波：在同一介質中，兩列振幅、頻率皆相同，但傳播方向相反的波相遇時，可以產生一波腹位置固定的波。通常發生於波與其反射波的相遇。

判斷。選用合適指向的麥克風，才得以清楚地記錄各種聲音，方便後續後製作業。

錄音方式

在決定完錄製的聲音、麥克風的選用以及擺放位置後，接著要考量錄音的方式。細節包含：錄音環境、單點／多軌錄音、監聽。

錄音環境

在錄音的環境中，除了要注意環境是否會有過多的雜音影響收音外，亦可以藉由對環境的**隔音、吸音**來提升錄音的品質。一般大眾常常會認為隔音、吸音兩者是相同的概念，但其實不然。

隔音顧名思義是為了阻絕錄音環境內和環境外的聲音流通。除了防止環境外的雜音干擾外，同時也要注意自己錄製時的聲音是否會影響他人，畢竟靈感經常會在半夜時出現，許多錄音師也時常在半夜時間工作。錄音環境經過隔音後，可以讓錄製出來的聲音變得更清晰、更純淨。

至於吸音的重點則是放在減少環境內部的殘響。譬如大眾會認為在浴室唱歌時殘響較大，似乎會讓自己的聲音更好聽，但是其實在錄音的過程中，應當盡量避免在殘響過大的環境中進行，以防受到干擾。那要如何才能做到吸音以及隔音呢？其實透過前往錄音室錄製，或是將房間改造成適合錄音的環境就可以解決了。

專業的錄音室可分為兩種：多功能大型錄音廳堂以及錄音室。前者是透過精密的結構計算搭建出符合聲學的建築，以達成在演出、錄音時會有完美的效果。因為對建築有較高的尺寸要求，因此

在一般的建築中較難實現。在臺灣，最著名的大型錄音廳堂例子為國家音樂廳。錄音室則是透過精密的計算，盡量使錄音時的殘響達到最佳化。進行宅錄時，也可以以此類錄音室作為參考方向進行改動。在專業的錄音室錄音時，因為有完善的環境以及設備，因此創作者便可以全心投入在創作、錄製當中。

　　而在自家進行創作時，在吸音方面可以透過在房間的牆壁、天花板等較平面的部分貼上吸音棉來改善。吸音棉的種類有金字塔型、波浪型或是聚酯纖維的吸音板等，選購的重點必須依據吸音效果、方便清潔、美觀、容易安裝等要點去選擇。除了黏貼吸音棉外，較簡易的做法是將錄音地點設置於較不規則的牆面，或是在附近擺設沙發、床等家具協助吸音。在錄音時也應盡量避免在角落進行錄製，因為這樣所產生的空間困擾會比其他地點大上許多。為了去除內部的雜音，也需要考量到自己的設備是否會發出聲音干擾，例如：若電腦所發出的風扇聲會被麥克風收錄到，則擺放的位置就需要跟著調整；若冷氣、電風扇等電器的運轉聲會被麥克風錄進去，影響聲音的品質，則必須考慮是否要將電器關閉。

　　接著在隔音的部分，由於孔洞容易讓聲波產生繞射❷而傳播出去，因此在進行隔音之前，需要先觀察自己的房間有沒有可以讓聲音竄出的孔洞。一般最常見的縫隙是在門與窗戶，可以透過以下幾種方式協助改善：門如果是空心門，可以更換為實心門，或是在門

---

❷ 繞射：波在穿過狹縫、小孔之類的障礙物後，產生不同程度的彎曲傳播。

板內外貼上吸音棉阻隔聲音流入 ； 在門框邊緣的部分可以貼上膠條，並搭配門檻做使用；至於窗戶的部分則與門同理，可採用加厚的玻璃以及在窗框貼上膠條來阻隔聲音的進出，或是在窗戶貼上吸音膠帶也可以有類似的效果，但如此一來會阻隔視覺也是需要考慮的部分。

假使以上隔音、吸音的方案由於預算的考量而難以達成的話，還有另一種比較簡便的方式：在市面上有販售方形或半圓形的吸音罩可以設置於麥克風的周圍，也有著不錯的效果。雖然以上說明了許多可以將自己房間改造的方法，但是整體的吸音、隔音效果依然會低於專業錄音室，因此建議可以將預算投於租借錄音室會是比較好的選擇。在「宅錄」中提升音樂的品質會優先於提升音質的品質。

單點／多軌錄音

單點錄音指的是將錄音時所有的發聲體一起錄製，形成同一個立體音軌進入後製；多軌錄音則是將各個發聲體分開（或是一起）錄製 ， 形成多個音軌進入後製階段 。 這兩種錄音方式各有其優缺點。單點錄音的優點在於，可以使所有的發聲體一起產生音樂，音樂家之間的眼神交流以及演出時的默契，會使得樂音有更豐富的呈現。然而缺點在於，由於所有的發聲體都在同一個立體音軌中，使得如果需要針對某一個樂器的聲音進行調整（拉大音量或是調整音色）會較為困難，因此單點錄音較常見於單人錄製的音樂、合唱團或是人聲節目，因為這類型的音樂在現場呈現的音樂平衡以及大小聲需要更加嚴謹的要求。

　　至於多軌錄音的好處，除了上述單點錄音的優點外，不僅可以針對單一聲音（樂器）做調整、混音外，還更容易分辨出細微的差異。而缺點則是音軌較多，因此也更加考驗著電腦的處理效能。多軌錄製又可以細分為同步或是非同步錄製，兩者的差別在於錄製多軌時，是不是同時在同一空間錄製的。但同時在同一空間錄製不會相互影響嗎？答案是──會的。在樂團錄製時，經常會在同一空間不同樂器前架設麥克風，因此各個麥克風經常會收到來自其他樂器的聲音。但是將其合併形成的聲音可以產生出磅礴的震撼感，這也是許多交響樂團喜愛的錄音方式。非同步錄音則是將同一首曲子在同一個錄音空間（或是不同的空間）分批讓演奏者們進來錄音。這時又會有另一個疑惑出現：如果是非同步錄音，每個樂器結束演奏的時間會根據演奏者而有些許的不同，那麼要如何將其整合至一首歌曲呢？關於這個問題，以下進行一些簡易的說明。

　　錄音時可以分為 Click based 錄音以及自由拍錄音。Clicked based 錄音指的是不同樂器在各自錄音時，使用同一速度的節拍器，使得演奏者可以跟著節拍器進行演奏，如此一來各個樂器速度就會一致，也可以方便錄音師後期的混音工作進行。Click based 錄音經常使用於流行樂以及電影配樂當中，因為不論是 Music Video 或是電影都是需要搭配畫面進行製作，因此節奏以及時間軸都十分講究畫面與音樂完美的配合。至於自由拍錄音則與 Click based 錄音相反，多使用在古典音樂與爵士音樂會。由於這些場合演奏者在將情感帶入時，無法用節拍器限制其發揮，使得其與 Click based 錄音方

式有著較為不同的後製剪接方式。因為各樂器時間軸的不同，所以在剪接上會使用和影像剪輯方式很類似的四點剪輯來進行。

監聽

「好的監聽便有好的錄音品質」。監聽看似僅是在錄製的過程中透過耳機觀察麥克風收到的聲音，但事實上監聽所帶來的作用卻會大大影響錄音的品質。想像在一個吵雜的環境中，如果在對話時希望對方聽見自己的聲音，那麼人類便會本能地放大音量讓自己也聽到。同理，在錄製時，歌手在監聽耳機中如果能在沒有外界吵雜的聲音影響下，舒服的聽見自己的聲音，便可以使歌手能更自在地釋放出自己的聲音，並將自己的情緒、靈魂摻入其中。而控制室端的精準監聽也可以讓錄音師以及其他工作人員確保聲音的品質，讓後續的編輯混音作業可以更流暢。在大型的演唱會現場設置錄音師的工作檯時，除了要確保音控師的監聽外，歌手的監聽也是非常重要的一環，這樣才能確保歌手能在臺上大放異彩，所以千萬別誤會歌手是為了要聽歌詞才戴上耳機的。需要注意的是，市面上的一些耳機為了給予聆聽者更好的體驗，會稍微渲染產出的聲音，因此並不會是好的監聽選擇。

剪接與編輯

一張完美的聲音出版品，剪接與編輯是不可疏忽的一環，因為在音樂的世界裡，每次的拉奏（演唱）都有不同的美，這時就需要將好的 Take 剪接在一起，創造出一條美好的聲音。而現在在人聲

上，更可以透過調整音準來修整，不過這部分需要視狀況來調整。因為最好的聲音還是自然錄製下來的聲音，所以在錄音時，製作人會要求歌手唱到他們能力範圍內的最優，並盡可能使用最自然的聲音。但有時為了產品的完整度，些微的音準調整是必須的。

混音

　　完成了錄音的設定、錄音本身作業後，接著就進入到最後的混音後製階段了。如果將整個音樂製作比喻為一道料理，錄音本身以及前置準備為料理的備料以及處理食材的部分；而混音則是將各個食材烹調為一道道美味料理的步驟。本篇並不會介紹實際的軟體操作流程，而是說明執行中的過程以及注意事項。

檔案收集

　　在製作料理前，勢必需要先確認食材是否妥當；同理，在混音時，也應當確認所有檔案是否已經備齊。首先，應向各音樂家確認錄製的檔案是否為最終版本，否則將未完成的音檔進行後製之後，若不滿意，便一切都要重新來一遍。建議在錄製每一版本後，可將各個檔名加上日期，以便混音師確認；但較不建議以「final、最終版」等作為檔名，因為多個檔案重複以此命名，同樣容易造成混淆、拖緩製作進度。第二要點是確認取樣頻率：在先前的部分介紹過，不同取樣頻率所產生的聲音會有所不同，因此在混音前要先確認各個音檔的取樣頻率是否皆正確。但是也會有採用多種取樣頻率於同一作品中的情況發生，因此也需要根據使用者的需求調整。

　　接著是要和業主確定這次混音的參考音樂 (Reference music)，

參考音樂的作用在於確立這個作品的風格所在。由於音樂從古至今的發展已經衍生出許多不同的風格，例如美國西岸的嘻哈音樂、臺灣的歌仔戲或是江南的崑曲等。不同的風格對於音樂家來說會有不同的味道存在，因此選擇參考音樂等於是選擇了這道料理的蒸、炒、煮、炸等料理方式。確定參考音樂同時也是確保製作人與混音師對於作品的理解上是否有所落差。最後也是最重要的一點：結案日期。由於現今網路世界發達，對於影音作品的製作進度也牽涉到了作品上架至網路串流平臺的日期以及行銷、宣傳期，如果在後製的過程延誤了，也等於拖緩了整個行銷宣傳的進度，因此少有緩衝的時間以及犯錯的空間。而對於混音師自己而言，拖延則是會影響到自己其他作品案子的製作，因此跟業主確定結案日期以及準時完成為至關重要的事項。

整理專案檔

當和業主確立了各個檔案為最終版本、取樣頻率、參考音樂以及結案日期後，便可以將所有檔案匯入至同一個專案檔中進行處理。由於在混音時經常需要處理多個檔案，事先整理可以方便加快製作的速度。在製作專案時，可以根據自己熟悉的混音習慣，在專案中對各個檔案進行排列，以便快速在眾多檔案中找到需要調整的檔案。在排列的過程中，也要注意各個檔案、音軌是否命名正確，因為在編輯的過程中，經常會發生因為複製音軌卻忘記更改名稱，而造成音軌中的音樂不符合音軌名稱所述的情況，例如命名為吉他的音軌所存放的卻是鋼琴的聲音。

　　接著要處理的是主音樂是否已經編輯完成：每一首音樂或是歌曲中，勢必會有一項主旋律的音樂線條，在歌曲中即是人聲，而在大型演奏會中便是某一種樂器。由於主旋律音樂關係到整個混音的走向，因此在確定最終版本時，應當確認主音樂是否已經編輯完成。最後則是要確定整個混音中的 Routing 以及 bus。Routing 可以想成是混音中的藍圖一樣，將編輯、合成的優先順序規劃出來，形成一個類似樹狀圖的路線圖；而 bus 則是將數個需要搭配在一起的音檔集合起來，負責最後輸入至最終音軌。兩個名詞概念的結合便是：Routing 是 bus 的路線圖，而 bus 則是路線圖上的一個個節點，負責將各個調整完的音檔輸送至最終音軌完成合成。將這兩者的配置思路完成後，就可以進入正式混音的部分了。透過以上的各種整理以及確認，可以使編輯者更為流暢地進行混音工程。

混音方式

　　前面篇幅說明了許多前置作業，那麼究竟混音是在調整什麼呢？在過去使用盤帶機錄製剪接時，是真正意義上的剪與接，容錯率較低。在進入了數位時代後，以一語概之便是「針對各個聲音的音量、頻率、效果、位置去做調整，以完成整部作品」。

　　接下來要介紹幾個混音的基礎概念。首先是聲道。一般聽到這個名詞會直覺反應出左聲道以及右聲道，這便是最傳統的利用左右兩個發聲體同時發出音樂，創造出最基礎的立體聲 (Stereo)。然而隨著時代愈來愈進步，人們已經無法滿足於兩個喇叭所產生的效果了，因此便產生了環繞音響 (Surround)。環繞音響是利用多個喇叭

環繞於聆聽者周圍，使音樂更有帶入感。這項技術也產生了家庭劇院這項產品問世，讓人們即使在家庭中也能創造出與劇院類似的感染力。然而在亞洲由於受限於房價較高，一般家庭較難負擔足夠放置家庭劇院大小的客廳，因此家庭劇院在歐美國家較為盛行。近幾年以來，當人們在視覺方面加入了擴增實境 (Augmented Reality, AR) 以及虛擬實境 (Virtual Reality, VR) 等技術時，在聽覺方面也加入了沉浸式體驗 (Immersive)。所謂沉浸式體驗，是透過增加發聲位置將聽眾包覆於其中，給予聽眾沉浸於其中的體驗。但是一般家庭不可能購買數量如此龐大的音響來體驗沉浸式音樂，因此現代科技提供了利用雙聲道模擬多聲道的技術，以供消費者與混音師可以利用耳機完成欣賞以及工作需求。

混音的另一個概念則是硬體混音 (Outboard) 以及軟體混音 (In the box)。前者是透過硬體設備調整音色及音樂效果；而隨著資訊科技發展所出現的後者，便是利用電腦的 DAW 和 Plugin 軟體達到所要的效果。但由於兩者產生出的音色會有些許不同，因此錄音師和混音師經常會將兩者相互搭配使用。

在混音過程要做到的有幾個要件：平衡 (Balance)、EQ (Equalizer)、壓縮 (Compression)、空間 (Ambient)、參考 (Reference)。平衡指的是將各個聲音的音量以及聲道 (Panning) 的分布大致調整成適合的位置以及大小。EQ 則是調整音樂的頻率，可以凸顯各個音樂的特徵，並經過疊加之後使得音樂更豐富、更有層次感；過去經常使用硬體來調整頻率，而現今則都整併進混音軟體

中。壓縮的目的是為整首歌曲加入起伏、調整音量以產生動態感，提升對聽眾的感染力。空間是將情緒放入音樂當中；如果說 EQ 是為了凸顯各個音樂的特色的話，那麼空間就是為了連結音樂與音樂，使它們一同詮釋出創作者所想闡釋的情緒，這個情緒可能是歡快的、也有可能是悲傷的。最後的參考則是承接上述的參考音樂，需要將現有的音樂和已上市發行的音樂做比較，進行細部微調以達成業主的要求。混音完成後就是輸出，此時要注意輸出的檔案類型需符合業主的要求，應避免重新輸出或是檔案遺失。最後，由於混音師是個需要重複聆聽、測試同一首曲子的職業，因此具備有充足的心力和耐心是必須的。儘管作業過程相當辛苦，但保持一個良好的心情去完成一項作品時，所帶來的成就感也是難以言喻的喜悅。

　　由於市面上混音軟體類型眾多，雖說產生的效果大致雷同，但是有時仍需配合業主要求或是案件類型去學習使用不同的軟體。另外，由於每個人對於音樂的想法都是主觀的，對於同一個混音師的作品，兩個人或許會有極端的看法。為了避免產生理解上的斷層或是和業主的衝突，除了請業主提供適當的參考音樂外，在專家旁實習、學習的過程中，需要不斷地觀察使用方式，累積多元的混音經驗、學習不同的混音風格，才得以持續進步。

母帶後製

　　許多人不瞭解，都已經混音完成了，為什麼還要有母帶後製的這個環節？其實這個步驟就是要將混好的音樂再經由工程師的巧

手，將其音量、飽滿度與雜音消除，做最後的確認以及更動，讓產品符合各個平臺所要求的響度標準。

♫
要如何進入混音師這個產業

在決定投入這個產業之前 ，勢必要先思考自己的決心是否足夠？是否對這個產業的生態現象足夠瞭解？當一件事情從興趣轉變成工作後，假使沒有足夠的熱忱支撐 ，便容易失去初衷、半途而廢。另外，由於錄音師、混音師的工作經常需要接觸大量且多元的樂種，因此在投入這項產業前也可以先培養多方接觸不同類型音樂的習慣。

對於不同的年齡層想投入這項產業的建議

在國、高中時期，由於影視作品快速地流通於每個學生手中的一塊塊螢幕中，有些莘莘學子在觀看、收聽的同時，也已經在心中默默種下對音樂錄製、混音夢想的種子了。但在這個仍然在摸索自己未來的時期，不應過度急躁於要全身心地投入這項產業，應當要做的是多多觀察和研究 。觀察可以包含廣泛地欣賞不同類型的作品，除了一般的流行樂外，也包含古典樂、戲曲音樂、電影遊戲配樂，甚至是宗教音樂等。

另外也可以瞭解音樂製作的細部流程，例如上述介紹各項內容的更細節研究。受惠於現今網路世界的發達，資訊的收集已經達到

無遠弗屆的程度了。假如中文資訊不及備載，也可以嘗試搜尋英文資源，如此一來在學習的過程中，同時也可提升自身的語言能力。除了自行在資料中摸索以外，亦可以盡量於學校活動中汲取經驗、建立作品集 。 除了利用簡單的設備進行宅錄或是和同好組成樂團外，在校級活動中，請校外單位進入學校設置的 PA 組，也可以從旁觀察、汲取經驗。若學校有錄製音樂、影片配音等經驗時，也可以積極爭取，把握進入專業錄音室的學習機會。在自我學習的過程中，還可以考驗自己是否可以在其中建立長久的興趣，測試自己對於這項產業的熱情所在。近年來，許多高等教育也試圖向下扎根，提供許多體驗、學習的機會給年輕學子們。但是，若是這個年齡階段有心想投入各個行業的讀者們，希望不要輕易放下自己作為學生的本分，畢竟多元探索自己的未來才是這個階段的重點。

對於年紀進入二字頭也依然決定投身於這項產業的讀者們（建議男性役畢， 女性二十出頭的年紀為佳），由於錄音產業目前較為盛行的依然是過去的 「師徒制」，因此最快進入這個產業的方法就是將履歷和作品集投至錄音室，跟在專業的錄音師和混音師身旁學習各項軟硬體操作。這不僅是讓自己能夠熟悉錄音設備的設置、混音軟體的使用，更重要的是累積愈多的製作經驗和接觸不同風格的音樂類型。在學習的過程中，如同學習其他技藝一般，不要害怕犯錯、也不要害怕被師傅責備，因為這些點滴都會成為進步的臺階，加速成長的過程。

想成為錄音師或混音師的要件

　　也許許多人對於「製作音樂」有著美好的想像，認為除了可以製作美妙的音樂外，還可以接觸到許多知名的歌手，因此將錄音師或是混音師視為夢幻的職業。但是如同前面所陳述，混音的過程是需要處理多個音軌並重複執行多次的工作，如果沒有足夠的熱情支撐，是難以將其作為自己的生財工具的。而缺乏熱情所產出的音樂也難以完整詮釋創作者的靈魂，連自己也無法感染的作品更遑論感染上千萬的聽眾，最終也容易被市場淘汰，成為無競爭力的作品。

♫
結　語

　　在本章內容中介紹了整個錄音過程中的流程，以及各部分具備的要素。首先是訊號流從發聲體流經麥克風、前期放大器、數位類比轉換器，再進入電腦的過程；再者是開始錄音時的各項需要忖度的要素，包括：麥克風的選用、錄音的環境以及實際錄音的方式；接著是混音的目的，以及要執行的任務有哪些，也介紹了一些混音中通用的專有名詞；最後也向各路躍躍欲試、想投身於錄音產業的讀者們講述了錄音產業的生態，以及應具備的心理。希望本文的介紹能給予有興趣投身於錄音產業的人一些對錄音工程的基礎概念，同時也歡迎富有夢想和足夠熱情與決心的人一起加入錄音產業，打造屬於自己的理想音樂作品。

chapter 3

誰說傷心的人別聽慢歌——
談音樂、情緒與大腦

講者｜東海大學通識中心兼任助理教授　李承宗

♫

前　言

音樂，是普世的人類行為。依照目前的研究來看，可以肯定只要是有人類聚集形成的族群，就有可能會發展出屬於該族群特定的音樂文化。那麼，作為一個人類共有的行為，音樂到底對人類社群來說有什麼重要性呢？

音樂很容易可以牽動我們的情緒，在不一樣的心情狀態底下，我們通常會傾向選擇去聽不同的音樂來搭配。比如說開心的時刻——像是在家裡跟親友聚會舉辦派對時——我們一般會想要選擇播放輕快一點的音樂，因為希望可以在某個程度上，讓來參加聚會的人心情都能夠被快樂的音樂感染；但心情低落時呢？在陷入傷心的情緒時，你會選擇聽什麼樣的音樂來陪伴自己？五月天的名曲〈傷心的人別聽慢歌〉的歌詞中這樣描述：「你哭的太累了／你傷的太深了／你愛的太傻了／你哭的就像是末日要來了／OH OH 所以你聽慢歌／很慢很慢的歌／聽得心如刀割」。從這段歌詞我們可以想像，似乎人們會傾向在傷心的時候聽悲傷的情歌。但為什麼心情低落的時候常會選擇悲傷的音樂而不是快樂的音樂呢？為什麼悲傷的音樂通常是慢歌？又為什麼總會聽得心如刀割？音樂牽動我們情緒的生理機制是什麼？音樂在人類的社會中，扮演了什麼樣的功能？本章會試著整理目前的研究來回答上述提問，並從音樂與情緒的關聯來討論音樂對身為社群性動物的人類的重要性。

♫

以生物演化的觀點來思考人類的音樂行為

喜歡音樂這件事似乎是人類很自然的行為，每個獨立的人類社群都會有屬於自己的音樂與語言。然而，從生物演化的眼光來看，音樂看似與存活無關，以動物的溝通行為來說，人類發展出「語言」這個聲音行為似乎更能滿足溝通的需求，那麼想理解音樂行為如何能在演化過程中被保留下來，或許我們得先釐清語言與音樂在人類社群中扮演的功能有何不同。

身為社群性的動物，必須要有很好的溝通才能共享資源。想像一下，若我們的祖先可以用語言進行溝通、可以討價還價，想必就能減少許多身體直接的衝突，提高個體的存活率。語言對人類的重要性不只是溝通的工具，更是人類的社會文明得以累積的原因之一。人類在演化過程中發展出語言這個溝通工具——以聲音來表現象徵的意義，用聲音來傳遞訊息——幫助人類相互理解，促使我們可以在社群中彼此依賴、互相幫助。而且很多語言日後還發展出了書寫系統，讓語言不再只是聲音的符號，還能轉換成可以記錄的視覺符號，如此一來便可以跨越更多的時間與空間限制來傳遞知識，幫助人類建立社會文明，以適應更多元的環境。因此，語言作為生物溝通行為的演化價值是十分明確的。

但音樂呢？會唱歌、喜歡聽音樂能夠為人類社會帶來什麼樣的好處呢？

　　音樂在人類社會中常常被當作人文活動來討論。除了藝術價值之外，其作為文化傳播、反映生活狀態與承載社會集體意識的功能十分明顯。但事實上，同樣是跨族群的、跨時代的人類行為，人類普遍的音樂行為背後其實也反映了人類共通的生物特質。一直到了最近三十年，有愈來愈多的生物學家以及認知科學家透過研究發現，人類似乎具有一些與生俱來先天的音樂性 (Musicality)，這也讓我們得以開始思考人類音樂行為的起源以及其在生物演化上的意義。

音樂可以傳遞情緒訊息

　　科學家們曾經提出一種說法，認為人類音樂行為的起源可能跟模仿動物的叫聲以及自然環境的聲響有關。而人類為什麼會開始模仿動物叫聲呢？可能是因為聽到、看到附近有危險的動物接近，想要發出聲音來警告夥伴；也可能是與人類的狩獵行為相關，因為早期人類的祖先可能是透過模仿獵物的叫聲來招喚夥伴一起去打獵。動物所發出來的聲音通常較為原始，例如：憤怒或者是想要攻擊時會發出大聲的嘶吼，害怕或者是想要表達順服時會發出乞憐的聲音（音調向下），想要警告或者是引起注意時會改變音高（音調上揚）等。人類的音樂行為可能保留了這些原始聲音裡的情緒韻律 (prosody)。

　　所以，如果我們把人類的音樂行為視為一種聲音的溝通，那麼跟語言相較，雖然樂音缺乏語言具有的象徵意義，但可能比起語言更能傳遞出情緒的訊息。而且重點是，我們似乎很擅長辨識音樂背

後的情緒訊息，像是電影配樂就最能夠說明這種現象：聰明的電影導演都知道，如何讓我們在看到山景或是大草原的畫面時產生壯麗的感覺──配上交響樂般聲勢浩大且激昂的音樂就可以了！若想要大家感動落淚的時候，最好的選擇其實不是畫面或臺詞，而是適切的配樂；至於恐怖片就不用說了，事實上真正恐怖的往往不是畫面，而是那些讓人坐立難安、聽起來毛骨悚然的配樂及音效！

音樂作為跨文化的情感表達方式

或許有人會質疑，這種辨識音樂情緒的能力是否是天生的呢？背後又反映了哪種生物遺傳的大腦與神經系統機制？還是說，這種辨識音樂情緒表達的能力是受到後天學習的文化影響？

德國音樂認知科學家弗里玆 (Thomas Fritz) 曾經找到位於非洲喀麥隆，一個與世隔絕的 Mafa 村落，裡面的村民很少接觸西方的文化與音樂。他請這些村民聆聽來自西方的音樂，並請他們辨識聽到的音樂例子是否表達了「快樂」、「悲傷」或者是「恐懼」的情緒，結果這些沒有接觸過西方音樂的村民們所給出的答案與從小聽西方音樂長大的加拿大人很接近（圖 3–1）。另外一個例子來自美國達特茅斯 (Dartmouth) 大學的惠特利博士 (Dr. Wheatley) 團隊，她們在柬埔寨鄉下進行研究，找來當地很少接觸西方文化的居民，並設計了一個簡單的電腦介面，讓他們試著去製造出「快樂」、「平靜」、「憤怒」、「悲傷」、「害怕」的旋律，結果這些柬埔寨人所作出來的簡單旋律跟美國人十分相似。另外，以過往民族音樂學者採集各地

的傳統音樂作為資料庫的一個大型研究也顯示，聽眾可以分辨不同
文化中的「舞曲 (Dance Song)」、「搖籃曲 (Lullabies)」以及「療癒歌
曲 (Healing Songs)」（圖 3–2）。以上幾個研究說明了辨別音樂中的
情緒可能是人類一個跨文化的共通現象，人類也許與生俱來某些內
在的音樂性，這些內在的音樂性可能與我們大腦的結構與處理聲音
的機制有關，推測這是生物演化之後的結果。

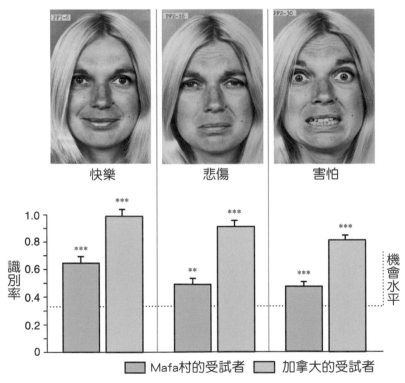

♪ 圖 3–1　受試者聽到音樂後所感受的情緒

結果顯示，熟悉西方音樂的受試者（淡藍色）與 Mafa 的受試者（淡橘
色）在三種情緒方面的辨識率遠比亂猜的機率要高。

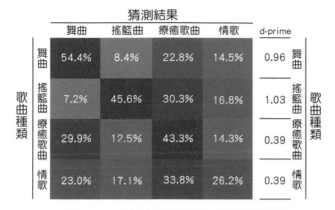

♪圖 3-2　受試者所猜測的音樂類型結果

測試結果發現受試者猜對音樂功能的機率多超過四成，但情歌對受試者來說較不易辨識，表示不同音樂文化中的情歌可能聽起來的共通性較低。

傷心的人為什麼喜歡聽悲傷的音樂

上述的研究說明了音樂中的情感表達是一種跨文化的普遍現象，音樂作為一種情緒的溝通，可能是人類共同的音樂性中一個重要的特質。如果將音樂性視為人類共通的生物特質，音樂就不再只是文化行為，也是生物行為；那麼我們就可以用生物演化的觀點思考，進一步來討論音樂與情緒之間背後的生理機制。

關於音樂如何影響情緒的大腦機制，目前已經有許多的神經科學家及認知科學家投入心力在研究，在本章的後段將會分享一些這方面研究的重要成果。事實上，認知科學家們最近也開始討論，音樂對人類的意義除了可以作為情緒表達與溝通方式外，聽音樂可能也有助於調節我們的心情 (Mood Regulation)。關於聽音樂如何調節

我們的心情，其中一個最有趣的現象可能就是悲傷音樂的存在。

根據研究，人們在聆聽歌曲時，傾向於選擇與當前心情更有共鳴的音樂。這說明了一個我們在日常生活中可以觀察到的現象：人們在面對低潮、失戀或者是親人逝去時，與其選擇輕快的音樂，很多人反而會反覆聆聽悲傷的歌曲。如果人們聽音樂可以調節心情，那麼在面對難過的心情時，為什麼常會選擇悲傷的音樂而不是快樂的音樂呢？聆聽悲傷的音樂真的會讓我們更加的悲傷嗎？

事實上研究指出，喜歡聆聽悲傷音樂的人們在聆聽悲傷的音樂後，會認為音樂不止帶給他們悲傷的感受，似乎還會帶給人一些比較正面的感受，如浪漫、溫柔、懷舊等。從華語流行音樂中有大量悲傷的情歌（特別是所謂的抒情主打歌）我們也可以大膽推測，喜歡聽悲傷音樂的人一定不少。

當然，流行音樂中的悲傷情歌，其歌詞對於情緒的引導有相當程度的影響。類似悲傷的電影、小說，歌詞中所描述的情節可以讓人有種個人經驗投射的效應。可能會讓人覺得歌詞把自己的心情與遭遇寫出來，原來有人跟自己的生命經驗這麼類似，因此有種被理解的感覺，也因此被音樂安慰了。然而我們常常忽略一個事實——相較於歌詞，旋律對情緒的影響可能更大！畢竟我們對於聽不懂歌詞的外國音樂一樣能夠很享受，而且沒有歌詞、沒有人聲、只有器樂的演奏也常常讓我們感覺到裡面強烈的情緒。如果先不提歌詞所帶來語言對於情緒暗示的影響，我們先來討論一下什麼樣的音樂會讓人感到悲傷？這些帶有悲傷氣氛的音樂有什麼樣的特徵？

悲傷音樂的共同特徵

　　當然，不同的文化中表達悲傷情緒的音樂都不同，可能使用了不同的音樂元素、演唱或演奏技巧，但筆者認為其中可能還是可以找到一些跨文化的共同特性。正如五月天的歌名〈傷心的人別聽慢歌〉所說的，悲傷音樂通常速度較慢、節奏感較弱，其他的特徵還包括了圓滑奏 (legato) 較多、音色通常較為溫暖低沉，也可能在音色上會模仿動物哭泣的聲音、帶點鼻音或者是顫抖的感覺，旋律的組成一般來說音程跨距較小、較多下行的樂句（旋律組成音之間的音程較大或者比較跳躍者，可能會給人一種歡快的感覺，跟我們情緒興奮高昂時講話聲調的變化類似）。以上的種種特徵會讓人有悲傷的感覺可能是因為，這樣的聲音較接近動物在情緒低落時，反映其生理狀態展現出的原始發聲特色 (affective vocalization)。此外，不同的音樂文化可能以不同的調性或和聲來傳達悲傷的情緒。以歐洲古典音樂的傳統來說，通常會使用小調或較多的小三和弦來表達悲傷的氣氛。關於辨識特定文化如何使用不同音樂元素來表達悲傷情緒的能力，則應該與後天聆聽經驗有關，是需要經過學習的。

傷心的人真的喜歡聽悲傷的歌？

　　事實上，目前的研究成果也指出，其實並不是人人都喜歡在悲傷時聆聽悲傷的音樂。關於悲傷音樂喜好的個體差異，嘉里多 (Sandra Garrido) 和舒伯特 (Emery Schubert) 在 2011 年的研究發現，約一半的人會喜歡在悲傷時聆聽悲傷的音樂；而 2014 年的另外一

個更大型的網路研究也得到了差不多的結果。那麼，什麼樣的人會喜歡在情緒低落的時候選擇聆聽悲傷的音樂呢？

　　先前的研究已經發現，性格的不同可能會影響每個人聽音樂的喜好與習慣。同理可推，我們也可以想像，對悲傷音樂的喜好可能也跟個性或是與個人過往聆聽經驗有關。許多的研究都發現，能夠享受悲傷音樂的人，在性格測驗或問卷中表現出的同理心 (empathy) 也比較強（表 3–1）。同理心較強的人一般來說比較能夠感覺到其他人的情感，因此在聽悲傷音樂時應該也能感受到較強的情緒。那麼，為什麼聆聽悲傷音樂時感受到較強烈的情緒會使得聽者更享受這個過程呢？

♪ 表 3–1　各類型音樂平均喜歡程度

	悲傷	快樂	恐懼	溫柔
經驗的開放性	.21**	−.04	.12	.14
整體的同理心	.26**	.01	−.06	.32***
想像力	.28**	.10	.10	.34***
立場取替能力	.09	−.08	−.14	.15
同理的感受	.23**	.01	−.13	.25**
個人困擾	.05	−.01	.01	.07

$*p < .05, **p < .01, ***p < .001$

　　關於這個看似矛盾的現象，目前科學家還沒有足夠多的研究來得到有說服力的解釋。但目前心理學家以及認知科學家已經提出幾個有趣、但還未被證實的理論，很值得我們參考。首先，沃斯科斯基 (Jonna K. Vuoskoski) 和埃羅拉 (Tuomas Eerola) 在 2017 年的研

究顯示，對於悲傷音樂的喜愛程度可能與聽眾是否「被感動 (Being Moved)」有關。這個結果與之前學者所提出，關於人們為何喜愛看悲劇電影的原因不謀而合。那些讓我們感動落淚的影片總會讓人印象深刻，我們也常常因為這些片段而喜愛上了那些電影。

此外，埃羅拉在 2018 年的論文中提出了一個理論，認為我們對於悲傷音樂的喜愛可能需要考慮多個面相的變因，包括了生物因素、心理與社會因素、文化因素。

生物因素

悲傷音樂可能保留具有情緒韻律的聲音，比如說類似哭聲的特質，我們對於這種聲音有種被演化保留下來生物直覺的反應，可能會引發一連串生理、心理的效應（如具有安慰效應的泌乳激素 (prolactin) 的分泌）。

心理與社會因素

聽見音樂時如果有被感動的感覺，可能是因為我們感受到音樂的悲傷似乎跟我們曾經經歷過的心情類似。我們可能會因為原來不知道如何說出口的心情在音樂中被表達了；或者彷彿透過音樂裡面那個虛擬的角色，代替我們抒發了那個悲傷的心情（social surrogacy，社交替代），因此覺得自己的悲傷被理解了、覺得自己的情緒與音樂有了共鳴而逐漸釋懷；也有可能是因為那樣的音樂提醒了我們過往的記憶而開始懷舊，轉移了我們對於悲傷的糾結情緒。綜上所述，聆聽悲傷的音樂可能因此達到調節心情的作用，甚至最後可以讓悲傷的情緒轉為正面的感受。

文化因素

悲劇的文學、戲劇在許多的文化裡都被視為藝術的高尚表現。聆聽悲傷的音樂可能也已經轉化為一種藝術的欣賞、美感的追求，因而讓我們不再把焦點放在個人的感受。

上述的研究者所提出的理論還強調，喜歡悲傷音樂的原因可能先透過生物直覺的感受、再透過心理與社會的情感轉移、最終經由文化因素的詮釋，把從音樂中感覺到的悲傷情緒轉化成正面情感 (hedonic shift)，而這個過程可能需要一些時間才能完成。但關於這點，其他學者有不同的想法。主要的爭議在於，聆聽音樂的過程中，可能在很短的時間內**同時**產生很複雜的感受。大腦在接受到音樂的刺激之後，不同腦區可能會同時產生不同層次的詮釋與理解。

來自美國俄亥俄州立大學 (Ohio State University) 的音樂心理學家大衛‧休倫 (David Huron) 在 2011 年就提出，泌乳激素可能可以解釋我們在聆聽悲傷音樂時，為什麼可以產生正面的感受。泌乳激素是由下視丘的神經細胞所分泌的賀爾蒙，通常在哭泣或者是經歷一些負面情緒時會分泌，具有安慰的效果。泌乳激素分泌也與我們跟親人之間親密連結有關。休倫認為，當我們聽到悲傷音樂而感受到負面情緒時，大腦可能會分泌泌乳激素讓我們感覺到安慰。就像是一種大腦維持平衡 (Homeostasis) 的做法，因為聽者知道在音樂中感覺到的悲傷並不像真實生活裡面所感受到的，這個大腦安慰效果可以不用以真正的心理創傷去交換，因此會讓某些聽眾覺得聆聽悲

傷音樂可能會帶來正面的安慰情緒。關於聆聽悲傷音樂與泌乳激素之間的關係，目前雖然還未得到科學實驗的證實，但休倫的想法對於這個領域的研究者有著相當大的影響力。

休倫在 2020 年更進一步地針對悲傷音樂可能引發的正面感受提出了新的推論。他從動物行為學中的溝通理論得到靈感，提出聆聽者在聽到音樂時，除了感受到音樂裡表達的情緒之外 (contagious emotion)，也可能同時間產生相對應的情緒反應 （repercussive emotion，或可稱為反映情緒），這個情況可能發生在任何情緒的傳達過程中。例如：在感覺到對方表達的憤怒時，接收情緒者除了感覺到對方的憤怒外，也可能同時反映出恐懼的情緒；在感覺到對方表達的快樂時，接收情緒者也同時產生了羨慕的情緒；在感覺到對方表達悲傷的情緒時，接收情緒者除了會感受到悲傷外，也會同時產生同情 (compassion) 的心情。他認為，這個同情的心理可能源自於身為社群性動物的我們與生俱來的利他性 (altruism)。所謂的利他性讓我們會願意對比我們弱小、比我們更需要幫助的人伸出援手，這個心理的作用可能會讓我們產生正面的感受。然而，在性格特徵中「同理心」特質較為明顯的人，通常較能替對方著想，因此除了較能感覺到音樂裡表達的悲傷之外，其相對應的反映情緒也較強而產生同情的感受。這個同情心的感受可能是在潛意識裡發揮，像是聽者感覺到音樂中他者的悲傷原來也跟自己一樣時，所產生的同情感受不僅安慰了對方也安慰了自己。

此外，休倫也解釋了為什麼感受真實世界的不幸與悲傷並不像

感受音樂中的悲傷那樣，可以產生正面的情緒。他認為，我們對於真實世界的悲傷事件通常可能還會伴隨不幸、罪惡感及壓力的感受，然而聆聽悲傷的音樂就不是這樣，通常音樂中受苦的對象不是那麼的明確。（比如器樂演奏曲相較於有一個對象可以投射的悲劇電影、小說、戲劇或是有人聲的音樂，我們對於這些演奏曲可能很難產生強烈的個人生命經驗連結。就算是有歌詞的歌唱曲，我們有時也不能確定故事的細節及真偽。）我們感受音樂裡面的悲傷是有一個安全距離的，透過這個安全距離，再加上豐富的想像力，聽者甚至能夠因此產生悲天憫人的感受。正是因為這樣，悲傷音樂有了一種撫慰的效果。作為一種有療癒效果的陪伴，聽者可能會因此更享受悲傷音樂的聆聽經驗。

當然，目前為止上述所說的科學家的想法都還在未證實的理論階段，未來仍需要更多的研究來釐清我們喜歡聽悲傷音樂這個行為背後的機制。

♫

大腦如何處理音樂引起的情緒反應

相信大家對於音樂是否可以引發強烈的情緒反應都有相當肯定的答案。但仔細想想，無論是悲傷或者是快樂的音樂，相較於在日常生活中我們遭遇的情感事件，它們並不是具體的刺激。音樂的本質其實就是聲波，是由發聲體振動引起空氣分子的振動，再將振動傳遞到我們的耳膜，最終被我們的大腦感知。那麼，究竟為什麼

這樣抽象的刺激卻能夠引發強烈的情緒反應，讓我們感到興奮、悲傷、害怕、不安，甚至感動落淚呢？大腦處理音樂情緒的機制是什麼？跟大腦處理其他日常生活中所產生的情緒反應有什麼不同？

　　為了回答這個問題，我們首先必須來談談關於大腦如何處理情緒相關機制的研究。

關於情緒的生理機制研究

　　科學家們對於人類情緒的研究累積至今已經有相當的成果了。自二十世紀開始，我們從腦傷的病人以及神經解剖的研究得知，大腦的「邊緣系統 (Limbic System)」可能是負責調控我們情緒反應的部位（圖 3–3）。「邊緣系統」的想法是在 1950 年代，由生理心理學家麥克林恩 (Paul MacLean) 所提出。所謂邊緣系統是指位於大腦新皮層 (neocortex) 邊緣的一些神經結構，包括視丘 (thalamus)、下視丘 (hypothalamus)、海馬迴 (hippocampus)、杏仁核 (amygdala)、紋狀體 (striatum)、扣帶迴皮質 (cingulate gyrus)、腦島 (insula) 等構造。傳統的動物實驗發現，如果刺激這些神經核，就可能會產生各式各樣的情緒反應或者行為。過去三十多年間，從情緒相關的腦造影研究也證實了邊緣系統是情緒調控的中樞，引發情緒的種種刺激與情境皆會讓邊緣系統活化。邊緣系統的結構多半位於皮層之下，這暗示了情緒訊息有可能在尚未到達皮層之前就已經被神經系統處理了。目前科學家們認為，新皮層可能負責更高階的思考、計畫以及認知功能，幫助動物建立對於未來的預期，並做出更複雜的決定。由於邊緣系統在演化上應該是比新皮層更早出現，這暗示了情緒的

產生可能是更原始的、更直覺的、更不經過理性的分析思考。動物
可能會對於存活有威脅的刺激產生厭惡感，或是對於存活有幫助的
刺激產生喜愛的感覺，如此一來便可以幫助動物得以依靠直覺產生
的情緒反應來趨吉避凶。例如在開始感覺到危險時，即使不確定危
險的因子是真實的還是假警報，就會因恐懼而選擇先逃跑或是準備
戰鬥 (fight-or-flight)，這樣的行為可能可以增加存活的機率。

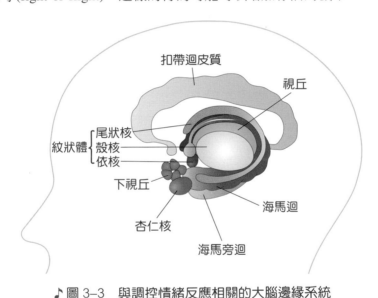

♪ 圖 3–3　與調控情緒反應相關的大腦邊緣系統
邊緣系統包括：下視丘、杏仁核、海馬迴、視丘、扣帶迴、紋狀體（包
括：依核、尾狀核、殼核）。

　　從 1950 年代左右開始累積到現在的研究，科學家們已經發現
了在邊緣系統中有一些特定神經核，可能參與了正向情緒的處理，
這些神經結構便被稱為大腦中的「快樂中樞」。加拿大的兩位心理
學家奧爾茲 (James Olds) 和米爾納 (Peter Milner) 所進行的研究發

現，如果在老鼠大腦深處安裝會刺激下視丘附近神經元的電極，並訓練老鼠去按壓連接電極的槓桿，則老鼠便會樂此不疲地反覆進行這個動作，就像是上癮了一樣。科學家們發現，那些接收到電極刺激的神經元，可能都參與了大腦中神經傳導物質「多巴胺 (dopamine)」的分泌調控。這系列的研究啟發了我們對於大腦正向情緒處理機制的理解。目前科學家認為，假設某個外界刺激可以讓我們感受到愉悅，便會產生心理學上所說的「酬賞行為 (reward behavior)」──讓我們會對某個刺激產生喜愛的感受 (liking)、產生動機讓我們持續接近那個刺激 (wanting)──那個刺激可能就是透過刺激大腦中的「快樂中樞」，促使大腦分泌多巴胺來改變大腦的運作與感受，進而造成行為的改變。

上述篇幅介紹了「快樂中樞」是如何影響生物的行為，那麼究竟「快樂中樞」位於哪裡呢？以人類來說，「快樂中樞」──調控多巴胺分泌的神經元有很多都位於大腦基底核附近的紋狀體。

究竟什麼樣的刺激會影響、調控正向情緒的酬賞系統 (reward system) 呢？這個答案對每個人來說可能都不一樣，因為會受到很多先天因素與後天環境以及文化的影響。如果先不論個人後天的生命經驗所造成的喜好偏差，一般而言，我們對有利生存的刺激會產生愉悅的感受（所謂的初級酬賞 (Primary Rewards)，例如食物或是性，這些都是生物體存活以及繁衍的重要因素），或者是對於可以讓我們換取到想要的東西的刺激有正面反應（所謂的次級酬賞 (Secondary Rewards)，例如金錢）。

產生正向情緒音樂的大腦機制

音樂是一種抽象的聲音刺激，與我們每日的存活看似無關，但卻可以讓我們產生正向情緒與喜愛的感受，這又跟上述提到的酬賞行為有什麼關係呢？

加拿大麥基爾大學 (McGill University) 著名的音樂認知科學家羅伯特·扎托瑞 (Robert Zatorre) 跟他的團隊在 2011 年發表的研究中，他們讓受試者選擇聆聽他們最愛的音樂，通常這些音樂皆是會讓受試者聽了非常感動，以致於能夠產生很強烈的生理反應（chilled，例如聽音樂會起雞皮疙瘩或是頭皮發麻），而這些生理反應的變化是可被測量的（如心跳加速、血壓升高等，如此一來研究者就可以用客觀的方式來測量主觀的喜愛感受）。 在腦造影的實驗當中，研究者測量了受試者在聆聽那些音樂時大腦的反應，結果發現多巴胺在期待情緒到達最激昂的片段之前便會開始有明確的分泌（圖 3-4）。這個實驗的結果說明了像音樂這樣抽象的聲音刺激，也能夠使調控原始情緒反應的酬賞系統有所反應，這也暗示了我們在音樂中所感受到的情緒反應，可能跟我們在日常生活經驗中所經歷的真實情感很類似。

扎托瑞團隊在 2013 年進行的後續研究也支持音樂引發的正向情感與多巴胺分泌及「快樂中樞」有關：他們讓受試者聆聽不同的音樂片段，針對不同的音樂片段詢問受試者願意支付多少錢來取得再次聆聽該音樂的機會（亦即將音樂喜愛的程度以願意支付的金錢多寡來表現）。實驗結果發現，當受試者願意支付的價錢愈高，則

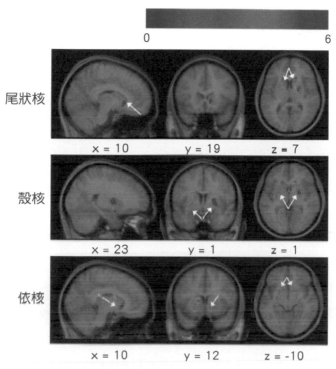

♪ 圖 3-4　聆聽正向情緒與中性音樂的大腦比較
可以看到，依核、尾狀核、殼核在聆聽帶來正向情緒音樂時有較強的反應，顯示聆聽正向情緒音樂可能與多巴胺分泌有關。

紋狀體中的依核 (nucleus accumbens) 和尾狀核 (caudate) 的活性愈高（圖 3-5）。到目前為止，其他領域的研究已經證實，依核中的神經元是會直接影響大腦中負責分泌多巴胺的多巴胺神經元 (dopaminergic neurons)。這個研究又再度證明了我們對於音樂所產生的正面感受與多巴胺有關，可能是來自於大腦「快樂中樞」的反應。

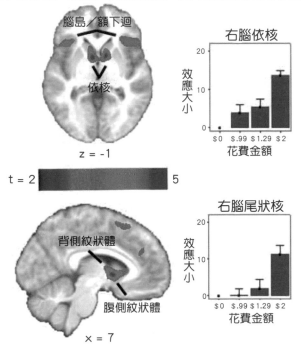

♪ 圖 3–5　聆聽願意與不願意花錢購買的音樂的大腦反應

(a)可以看到紋狀體中的依核、腦島在聆聽願意花錢購買的音樂時有較強的反應；(b)在右腦的依核以及尾狀核我們可以觀察到，其活性與喜愛的程度／願意花錢購買的金額呈正相關的關係。

2013 年的這項研究還有另外一個重要的發現。他們發現，當受試者針對某一段音樂願意支付愈高的費用，他們的聽覺皮層跟紋狀體之間活性的耦合連結 (coupling) 就愈明顯，表示音樂所能引發的情感可能跟是否音樂可以同時激發感覺系統 (auditory system) 與酬賞系統有關。

　　以上的這些假設，在針對「音樂冷感症 (musical anhedonia)」的研究中可以得到證實。所謂具有音樂冷感症的人，是指他們可以對日常的刺激感到愉悅（如食物、性愛、社交活動、金錢等），但卻無法藉由聽音樂產生情緒的感受，也因此不太喜歡聽音樂。但他們又跟無法辨別音調高低的音癡不同，對於其他聲音（如語言、環境音）的反應都很正常。實驗結果發現，這些具有音樂冷感症的人的依核，在面對金錢賭博的情況下會有正常的反應，但在聽音樂的時候卻沒有反應。這可能是因為在音樂冷感症的大腦中，感覺系統與酬賞系統功能性的連結 (functional connectivity) 比較弱，使得他們在聽音樂時不會出現兩個系統同步耦合的情況，因此也就無法像一般人一樣感受到音樂中的情緒。

　　上述的研究證明了音樂所引發的正向情緒可能來自大腦邊緣系統中調控原始情緒反應的酬賞系統，所以可以想像如果因為腦傷或是癲癇需要接受手術而影響到邊緣系統的神經結構，就有可能造成病人日後對於音樂情緒的感受能力受到影響。來自加拿大的研究團隊就發現，因為手術而移除海馬旁迴 (parahippocampal) 的病人無法分辨和諧以及不和諧的聲音，而移除單側杏仁核的病人則無法感覺到配樂中的恐怖感受。

悲傷音樂的大腦機制

　　前面所提到的研究大部分都是聚焦於大腦對於音樂所產生的正向情緒的探討，但是針對大腦如何處理悲傷音樂情緒的機制，相

關的研究到目前為止仍然不是很多。人的情緒反應是相當複雜的系統，我們雖然已知幾個大腦中的神經結構可能參與了情緒的處理（如上述所提到的杏仁核、依核等），但對於不同情緒（如快樂、悲傷、憤怒、不安等）是否是由各自不同的神經網路負責處理，目前還無法得到共識。

其中一個原因可能是受到大腦造影技術的限制，目前幾種常被使用的技術都有各自的缺點。例如功能性磁振造影 (fMRI) 雖然可以達到很好的空間的解析度，讓我們知道可能有哪些腦區正在活化，但其時間的解析度卻不是很理想，無法追蹤短時間內不同腦區活化程度的變化，因此也就不太能夠觀察到情緒隨著時間的變化。然而音樂是時間的藝術，在不同的時間點音樂會有不一樣的變化，因此 fMRI 這個技術便不太能夠捕捉到情緒跟著音樂的即時轉變。其他的技術也都有著各自的短處，例如腦電波圖 (EEG) 雖然時間的解析度很好，可以捕捉大腦特定腦區在時間內活化狀況的變化，但卻可能無法知道正在活化的腦區的明確位置。

另外一個原因是，通常負面情緒比起正向的情緒還要複雜。正如上面的討論，悲傷音樂可能引發的情緒除了悲傷之外，還包括懷舊、溫和平靜、同情心、撫慰等的正面感受，因此要如何設計實驗來比較大腦對於快樂或悲傷音樂的反應是個難題。事實上，有少量的幾個研究比較了快樂以及悲傷音樂對大腦的不同影響，的確發現比起快樂的音樂，悲傷的音樂似乎能夠引起較強的邊緣系統反應（如較強的杏仁核、海馬迴、前扣帶迴 (anterior cingulate cortex) 及

海馬旁迴的活性）。但也有研究結果顯示，在聆聽悲傷音樂時，大腦造影所顯示的反應與其他音樂引起的反應並沒有明確差異。由於不同研究的實驗方法不同，因此實驗結果也沒有共識。未來我們還需要更多的實驗來幫助瞭解悲傷音樂背後的神經機制。

♫
音樂對人類社群的重要性與意義

延續上述的討論，如果能夠同意音樂是一種情緒的溝通、人的情緒很容易受到音樂感染，我們便可以想像，發展出音樂行為的族群能夠透過音樂來傳遞彼此的感受，使得族群個體之間的情感連結較強，有助於群體的團結，在演化過程中也可能較有競爭力而存活下來；然而，沒有表現出音樂行為的群體，就有可能在面對天擇的挑戰時，因為競爭而被淘汰。

目前已經有不少的科學家提出關於人類音樂行為起源的解釋。例如帕特爾 (Aniruddh D. Patel) 認為，一開始音樂可能是某一個意外的發現 (cultural invention)，這個意外發展出來的行為可能促進了人類社群間個體的情感交流，直接或間接地增進了群體的和諧，使得該族群更具有生存的優勢，而這個意外的發現便在演化的洪流中被保存了下來。因此可以說，音樂行為是基因－文化 (gene-culture) 的共演化關係 (coevolution)，並通過天擇而被演化保留下來。「基因－文化共演化」是指人類的行為可能同時受到基因以及文化的影響，兩種力量會互相牽制、彼此影響。某些文化或者是社會文明的建構

會造成基因的天擇壓力，而基因的改變可能也會產生新的文明（可能因為基因–文化共演化關係而保留下來的其他人類行為包括： 我們為了吃「煮熟的熟食」而產生一連串的生物適應，還有我們為了喝牛奶以及食用奶製品而產生可以代謝乳糖的能力 (lactase persistence)）。

音樂可以增進人與人之間的社群連結

　　還有其他的科學家同樣支持音樂行為可能有助於增加個體間的社群連結 (social bonding) 而被演化保留下來，最終成為一種生物適應，形成人類共有的音樂性。最近，薩維奇 (Savage) 等科學家根據上述的想法更進一步提出了較為完整的理論，他們試著解釋了人類共有的音樂性及音樂能力可能不是為了單一的音樂表演者才存在 (solo performance)，而是讓群體的音樂參與變成可能 （圖 3–6、圖 3–7）。

　　首先，相較於其他動物的發聲行為，人類音樂行為中最大的特點在於我們有節奏的概念 （拍子規律的重複），而且我們的身體還可以跟著節奏同步運動——這也可以說是舞蹈的起源。薩維奇等人認為，一般來說我們的音樂通常節奏形態簡單而規律，是很容易預期的 (predictable)，如此一來便有機會讓更多的人一起參與節奏的製造，或是跟著節奏同步舞蹈。如果音樂行為沒有群體參與的部分而只是為了個人的表現的話，節奏形態就不需要如此容易被預期、這麼規律了。

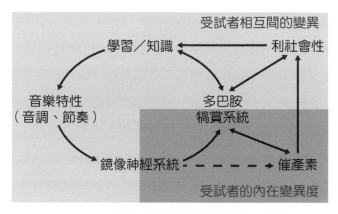

♪ 圖 3-6　音樂如何增進社群連結的示意圖

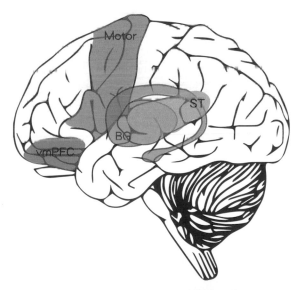

♪ 圖 3-7　參與音樂增進社群連結的各個腦區

不同腦區可能的參與機制：顳葉 (superior temporal lobe, ST) 以及其他聽覺皮層可能負責分析聽見的音樂的特質；運動皮層 (motor) 可能參與音樂的分析、欣賞與執行；基底核 (basal ganglia, BG) 含杏仁核、紋狀體等負責音樂情緒的處理；腹內側中央前額葉皮質 (ventralmedial prefrontal cortex, vmPFC) 負責情緒統合、做決定等。

　　其次，不同音樂文化都會發展出各自的調性與習慣使用的音階。有趣的是，明明人類可以發出的聲音頻率範圍很廣，但大部分音樂調性所使用的音高反而很少，音階裡面的音大多都少於七個。而且大部分的語言相較於音樂，都使用了更多各式各樣的聲音。筆者認為，人類之所以在音階裡只選擇幾個音來編寫音樂，可能也是為了讓產生的旋律好記、好學、好唱，這也不像是為了個人表現所演化出的結果，反而是想要讓更多人能夠跟著一起唱才會有這樣的發展。況且，有音階跟固定音高也幫助我們可以產生和聲的概念，所以人類音樂中有和聲、多聲部的現象也再次說明了音樂行為不只是為了個人表現存在，而是為了鼓勵群體參與。

　　此外，音樂所具有的重複性也是一項可參考的線索。跟語言相比，人類音樂的重複性很高（例如重複的節奏韻律、旋律動機、和弦進行、重複的歌詞等），而在使用語言時，我們則很不喜歡重複。就拿日常溝通為例，在大部分的情況下，我們都會盡量避免將說過的事情一而再，再而三地說，但在音樂中，這樣的情況卻十分常見。筆者認為，音樂裡的重複性似乎能夠讓音樂更容易被記憶、預期與執行，使得音樂朗朗上口，讓更多的人能夠同時參與音樂活動。當然太多的重複性也會使音樂顯得很無聊而讓人失去興趣，因此無論是人類的音樂或是會學唱歌的鳴禽 (song bird) 的歌唱，都必須在重複性與變化之間取得平衡。

　　除了上述的論點之外，還有一些對於嬰兒音樂行為的研究，可以作為音樂能夠增進人與人之間社群連結的證據。搖籃曲是一種普

遍的人類音樂行為，研究嬰兒行為的科學家還發現，母親的歌唱比起語言更能夠降低嬰兒的壓力以及因焦躁引起的身體動作，也會讓嬰兒的集中力維持更久，能夠唱熟悉的歌可以接近彼此的距離這個現象，從嬰兒身上也可以觀察到：五個月大的嬰兒在面對唱歌的陌生人時，比起唱著他們不熟悉歌曲的人，那些唱著跟父母親一樣歌曲的人會更受嬰兒的青睞；相較於唱著自己不熟悉的歌，如果陌生人所唱的歌是自己所熟悉的音樂，則十四個月大的嬰兒更會展現出願意幫忙的善意。

一起唱歌可以破冰還能夠止痛！？

　　人類是少數具有聲音模仿能力的動物（vocal learning ability，其他可能具有聲音模仿能力的動物包括：鸚鵡、鳴禽、蝙蝠、鯨豚等），聲音模仿的能力不僅讓我們可以學會母語，還可以學會唱歌。人們聚在一起唱歌可以說是證明音樂能夠增進個體間社群連結的最好例子。研究發現，聚在一起唱歌比參與任何其他藝術創造性的群體活動更能讓人們快速打成一片，而且這樣的連結方式也會使個人對群體中的其他人更加信任、也更願意合作。更有意思的是，2016 年有一個來自英國的研究團隊由於好奇「一起唱歌」是否能夠增進合唱團的團員們對於其所屬團體的歸屬感，於是他們著手研究倫敦附近的幾個社區性合唱團（平常的參與人數大概是 20～80 人不等）。

在介紹該團隊的實驗之前，必須先理解一項先備知識——對於痛的耐受程度，是會受到個體對於團隊的歸屬感、個體間親密感所影響的。科學家認為，這可能是因為當人們與身旁夥伴有著親密、信賴關係時，則腦內的催產素 (oxytocin) 或壓力相關的賀爾蒙分泌便會受到影響，使得人們對於痛的耐受性提升。

研究團隊首先測量了每個團員在排練前後的耐痛程度。結果他們發現，經過 90 分鐘的排練之後，合唱團團員們的耐痛程度以平均來說都比排練前提高了！值得一提的是，每年這些各地的社區合唱團都會聚集起來排練，成為一個超大型的合唱團（232 人），此時不同於平常在小團體當中每個團員都彼此相識，大團體的排練會遇到很多陌生人。儘管如此，在大團體排練之後，團員們還是會出現比團練前耐痛程度增加的情況（圖 3–8）。關於這個現象，研究團隊在以問卷及量表來測驗參與者對於社群的認同時似乎得到了解答——即使群體裡有更多的陌生人，參與者卻覺得自己與其他團員的距離好像更近了（圖 3–9）。

關於上述參與群體歌唱活動所帶來的種種好處，目前科學家們推測，可能是因為練唱時會使腦內啡 (endorphin) 分泌量增加，使得練唱完後對於痛的耐受程度增加；又或者是因為大家一起唱歌時，促使個人對於群體產生了歸屬與親密、信賴感，進而影響了相關賀爾蒙的分泌。

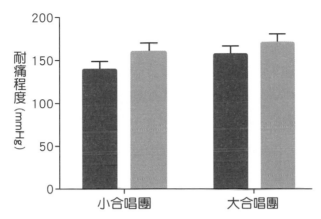

♪ 圖 3-8　合唱前後受試者的耐痛程度比較
受試者的耐痛程度，無論是在規模較小的合唱團或是規模較大的合唱團排練之後，都有顯著的增加。

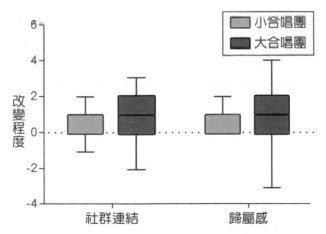

♪ 圖 3-9　合唱前後受試者的社群連結及歸屬感比較
在較大規模的合唱排練之後，參與者均覺得在與社群連結及歸屬感
(Inclusion of Other in the Self Scale, IOS) 兩方面，都比小規模合唱團排練的分數提高了。

♬

結 語

　　音樂作為人類獨特的行為，不只是藝術文化或是娛樂的表現，更是作為社群性動物情感溝通的重要方式，有著重要的生物演化價值。研究發現，音樂可以激發大腦中負責處理原始情緒的「情緒中樞」──邊緣系統的反應，說明了我們在音樂中所感覺到的喜怒哀樂，跟我們在日常生活中所感覺到的真實情緒很類似。這可能是因為音樂中的不同音樂元素保留了自然界原始聲音裡的情緒韻律，再經過音樂家加以排列組合，讓我們可以在音樂中聽到複雜的情緒。

　　此外，我們在音樂中能夠感受到別人的感受。快樂的時候聆聽快樂的音樂，可以讓我們感覺快樂變得更有感染力。悲傷的時候聆聽悲傷的音樂，可以讓我們覺得自己的悲傷或是痛苦似乎受到理解了。藉由感受音樂中的悲傷，我們似乎能夠與歌者或是音樂裡表達的哀傷心情共感，讓我們感覺到自己不再是那個唯一的、孤單的、傷心的人，並透過這樣的互相理解，在某種程度上也使我們安慰了彼此。

　　因為音樂具有能夠達到這樣跨文化、超越語言的情緒共感，可能可以讓一群一起參與音樂活動、一起唱歌、一起跳舞的人拉近彼此之間的距離，建立更強的社群連結。音樂可能就是有這樣的魔力，讓就算不是在同一個音樂會現場、沒有參與實際音樂的產出，

只是被動聆聽的聽眾，依然可以靠著想像力，與其他聆聽同一首歌的人彼此之間產生共同的情感與相互的理解。

　　關於人類音樂行為的研究雖然才剛起步，但相信在未來會有愈來愈多關於人類音樂行為的研究出現，能夠幫助我們進一步理解音樂所賦予「身而為人」的意義。

chapter 4

地球聽診器

講者｜中央研究院地球科學研究所特聘研究員　馬國鳳
彙整｜科普作家　潘昌志（阿樹）

♫

前　言

　　醫生之於聽診器，或許就和地震學家之於地震儀器一般：身體內的聲音，需要透過聽診器來到醫生的耳朵，接著依靠經驗和醫學專業的養成，判斷出病患的病灶；而地球上板塊運動衍生的地震活動，則可以透過地震儀記下地震波，接著用數學和物理學的計算，解析出地底下的構造。兩者除了有如此類似的特質外，也有著類似的終極目標——拯救人命。本章將從地震科學的發展歷程，說明如何運用地震科學來幫助人類趨吉避凶。

♫

用欣賞音樂的角度來理解地震學家的工作

地震的本質

　　用儀器我們便可以記錄下地震的本質——「波動」，如果我們將地震儀所收到的地震波形輸入聲音編輯軟體後進行播放，也是可以播出聲音的！而實際上，也有些經歷過大地震的人們會在社群網路上口述分享，在地震波來襲的前後會聽到異常的巨大聲響，進一步還會有些網路上的流言將此作為「地鳴」來解釋，並武斷的認為這樣的聲響可以作為地震來臨之前的前兆現象。不過若以科學機制來解釋，與地震有關的聲響多半還是與地震發生同時產生的，最多只可能當作數秒前的早期預警而已。

地震是波動、聲音也是波動，有些時候處理地震資料和處理音檔的方式還有些類似，這兩種工作可謂是異曲同工的科學原理。現代的音樂創作者會利用軟體濾除不需要的聲波頻率，或是將不同的聲波頻率經過調整修飾變得更為動聽。事實上，這些針對波形進行處理的手法，地震學家也經常使用。而錄音室往往需要用隔音設施以免收到太多的雜音，同樣的，理想上地震儀也該擺在杳無人煙的荒山野嶺，以免接收到太多不是地震的假訊號。確實，有很多研究用途的地震儀是以這樣的原則設置，甚至會挖一口幾百公尺的深井，並將地震儀藏在地下以免受到人為干擾。但如果研究的目的是想要瞭解地震對人們的影響，比如提到地震的震度，反而就要把儀器放在人口密集的地方，才能即時的知道震度大小，也就是實際上地面搖晃的程度。但這樣一來，就免不了會受到車水馬龍的街道噪訊所困，這時前面提到的濾波去雜訊技術就會派上用場！

地球聽診器：地震儀

至於今天我們介紹的地球聽診器：地震儀，其基本原理是利用懸於空中的擺錘來作為相對「靜止」的慣性物體，當地面發生任何搖晃時，便會與相對靜止的擺錘產生相對運動，而經過機械的設計（阻尼）可將後續擺錘持續的擺盪消除（因為那已不是地震本身的晃動），並記錄下晃動隨時間的演變，便得到了地震的「波形」。到了現代，地震儀除了經由輕量化設計不斷地縮小體積外，還使用數位化的方式進行記錄，讓地震觀測方便許多，甚至連現在人手一支

的智慧型手機內所藏的加速度計，也都能算是一種地震儀。由於以往很難在所有會發生地震的地方都裝滿地震儀（尤其是比較昂貴的地震儀更是數量有限），使得過去的資料蒐集不夠全面。然而隨著地震儀愈做愈小，地震學家在上山下海時，都能夠把地震儀帶著跑。有時只要有比較大的地震發生，地震學家就會搖身一變，變成拎著地球聽診器上「前線」的戰地醫生。像 2018 年花蓮強震後，地震學家便立刻整裝出發到現場架設地震儀器。因為大地震剛過後的餘震非常的多，到現場裝設地震儀能幫助我們蒐集到更多資料。

有些地震發生的位置在大洋中央，光靠陸地上的地震儀只能記錄到規模比較大的地震，這時就要把地震儀放到海底，這又是一項大工程！因為放置研究用的海底地震儀 (Ocean-bottom seismometer, OBS) 需要動用到海洋研究船，比在陸上設置多出船員與船隻的經費。而且海底的環境充滿未知，有時也會發生 OBS 失去聯絡而消失的情況，要找回來還真像大海撈針一般困難。因為一般 OBS 接收到了地震波後，仍無法克服通信無法穿過海水的問題，因此如果是為了監測臺灣鄰近的地震活動並適時發布地震或海嘯警報，就需要幫地震儀接上纜線，以進行通電和傳輸即時訊號。總之，地震儀不僅是聽診器，還因為對研究非常重要，所以地震學家總會希望把地震儀放世界上的每個角落。

♬

如何分辨地震波與其他振動

地震波的特色

就如前文提到的，地震儀所記錄下來的是地表的振動情況（圖4-1），本來就會收到不是來自天然地震所產生的雜訊，舉凡巨大聲響、爆炸衝擊、汽車駛過，乃至於細碎的腳步聲，都有可能會被不同類型的地震儀給記錄下來，這時候分辨「這是不是地震波」就很重要。

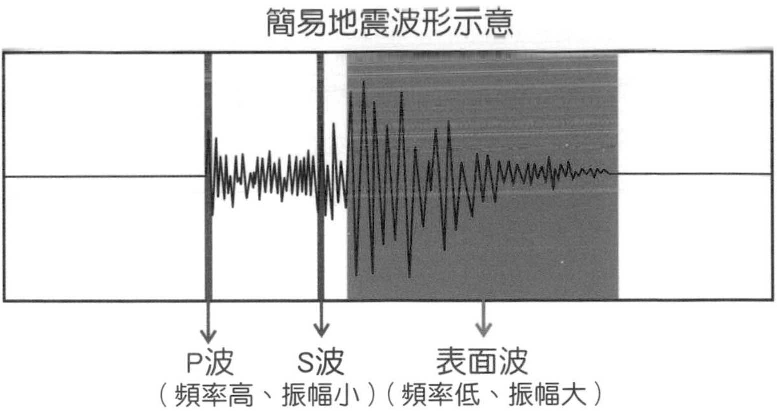

簡易地震波形示意

P波　　S波　　　表面波
（頻率高、振幅小）（頻率低、振幅大）

♪ 圖 4-1　地震的簡易波形示意圖
此圖中並沒有特指是垂直或水平向的紀錄。

　　要分辨出地震波，就要先知道地震產生的波動有什麼特性，一般會將地震波依傳播特性分為體波 (body wave) 和表面波 (surface wave)。所謂體波，指的是會在地球內部傳播的波，可再依波動的特性分為 P 波和 S 波。由於 P 波為縱波、S 波為橫波（圖 4–2），故行進時的 P 波會讓傳遞的介質 (medium) 沿著傳播方向振動，因此 P 波的波速比 S 波更快。而地震波在地表上的運動是三維的運動，所以一般地震儀會分成垂直向、水平向（東西向＋南北向）的分量紀錄，才可以完整地描述地表的運動。從地震波形紀錄中可以看到 P 波明顯的垂直向振動，而 S 波則多以水平向為主。所以一發生地震，具有地震科學背景知識的朋友們在感受到明顯的地振動時，常常會很專業地說：「哇！這個 P 波好明顯！」「這個應該是遠地的地震！」而且在自己的社群軟體上也常會看到相似的留言，這或許是地震學家，甚至是地科人的一種職業病吧！

表面波

　　還有一種地震波的型式稱作表面波，如其名，它們是在地表附近傳遞的一種「由地震波產生的波」，是由 P 波、S 波後續疊加、干涉而產生，所以它們的波動性質較為複雜。對一般大眾而言，表面波特別重要的地方是在於它們對建築物的威脅，因為表面波雖然比 S 波晚到達，但卻可能有更大的振幅，這也再次印證了為什麼現今的強震警報（地震早期預警）如此重要！因為強大的震波總是比較晚到。

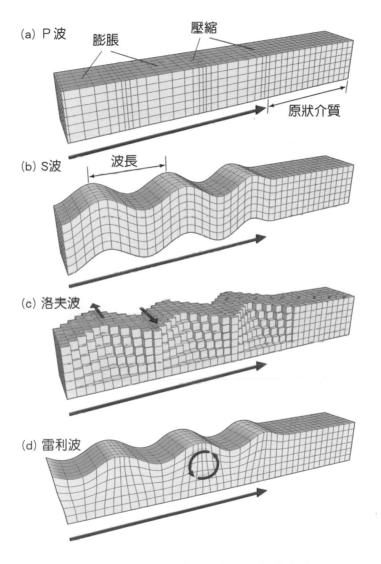

♪ 圖 4-2　地震波的不同類型與振動方式
(a) P 波；(b) S 波；(c)洛夫波；(d)雷利波。P 波、S 波為體波；洛夫波、雷利波皆為表面波。

　　此外，表面波特有的 「頻散」 現象，就是讓高頻的波速度變快、低頻的波速度變慢的特性，就像是我們同時用了 X 光機、電腦斷層掃描、腹部超音波檢測等不同的檢測方式來剖析人體中的不同構造。換句話說，「所有的地震波」都可以是地震學家的研究利器。雖然地震有時致災致命，但對於地球內部數百、數千公里深處，可能永遠都沒有科技能夠達到那樣的地方，而地震波就是我們唯一可以認識地球內部的工具。 事實上 ， 地震波的應用可不只適用於地球，它也是我們認識大多數星球內部的工具。過去，人類都曾將地震儀帶至月球、 火星上 （是不是應該要改叫月震儀和火星震儀呢？），這些儀器運用的原理和目的完全一樣，就是想要瞭解其他星球有沒有板塊運動？各自的內部分層構造又是如何？

♫
關於地球聽診器的故事

地震儀的發展歷程

　　談到地震儀，可能很多人會想到東漢時期張衡所發明的「候風地動儀」，不過就現代使用地震儀的觀點來看，候風地動儀只算得上是「測震儀」，不能說是「地震儀」。因為就古籍上所載的使用方式，只能得知其可測得地震方向，但地震發生的時間、強度都無法有效地測得，也無法得知其確切的原理。而且在古人眼中，地震常會是不祥之兆。對統治者而言，候風地動儀可能更重要的用途是在預測民怨，並非真的對地震定位有精確需求吧？總之，因為古人不

認識地震的特性，候風地動儀的實體也沒有傳到後世、更沒有被改進，實在可惜。

　　有史實可以考證的真正地震儀在十九世紀末才問世，接著在 1900 年之後，現代地震儀才逐漸普及。而在這時期也大致確立了地震儀必要的元素：重錘、彈簧、阻尼、紀錄器以及時鐘（圖 4-3）。

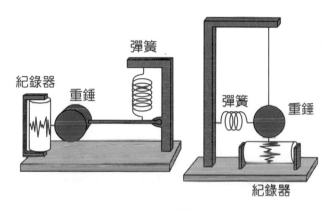

♪圖 4-3　地震儀的基本原理

　　重錘和彈簧是為了讓慣性原理能發揮作用所設計的。十九世紀末的物理學理論知識早已知道固體具有彈性波動的概念，因此不像早期會做出錯誤歸因 （比如亞里斯多德認為地震是風所造成的）。當時人們已經瞭解到，地震的本質是彈性波的運動，不過一直到利用紀錄紙記下地震波之後，人們才發現 P 波與 S 波等地震波相的存在。而時鐘的功用，則在於讓人們知道地震何時到達。紀錄紙宛如音樂盒中的捲筒，利用機械發條原理慢慢轉動，並逐步記錄下地震波。 只要轉軸穩定旋轉， 加上預先做好的網格紙作為時間間隔記號，再搭配上精準的時鐘，就能得到地震波到達地震觀測站的時間。

地震儀資料的應用

　　當我們取得兩個測站的地震波相資料以及震波到達的時間後，就能夠回推出震波的速度（圖 4–4）。經過長期的觀測得知，地殼中行進的 P 波平均波速大約是 6 公里／每秒，而 S 波則為 3 公里／每秒。當有了地震波的波速值之後，只要有一系列擺放在不同地點的數個地震儀測站所組成的地震觀測網，就可以利用 P 波與 S 波到達各測站的時間，解算並回推出地震發生的時間、震央的位置以及深度（圖 4–5）。掌握這些資訊，才是地震觀測真正量化、數據化的開始。也因為如此，地震不再是只有利用體感記下來的震度，終於可以用儀器來觀測並研究地震，可謂是地震研究重要的里程碑。

　　雖然早期地震儀又大又笨重，而且捲筒紙上所留下的地震紀錄也不如現代數位化的紀錄容易做後續處理，但這些資料現在仍然有相當重要的研究價值，就像是莫札特或是巴哈等人的經典樂章，依然能夠淵遠流傳下去一般。因為至今的地震儀即使構造改變，但基本原理仍與過去相同，地震學家仍可利用現代的技術重新分析過去的資料，這也是所謂「歷史地震研究」的方式之一。比如：1906 年梅山地震、1909 年臺北地震、1920 年花蓮地震等，都因為分析過去的地震紀錄而得到更多的科學回饋。或許，這就像是人們常會將老歌重新詮釋，賦予經典的旋律一個新生命？

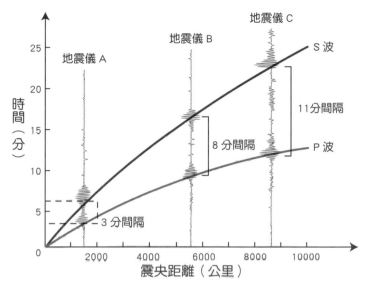

♪ 圖 4–4　P 波與 S 波到達不同距離地震儀的時間

地震波從震央（0 公里處）出發時，P 波和 S 波到達不同距離地震儀處的時間。

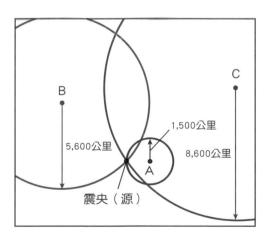

♪ 圖 4–5　由 P 波和 S 波到達地震儀的時間差回推震央（源）

從圖 4–4 中 P 波和 S 波到達不同距離地震儀處的時間差，藉由波速回推地震儀與震央的距離後，在圖上以此距離作為半徑畫圓，則理論上三圓的交會處即為震央（源）。

地震儀的靈魂：阻尼器

　　話說，地震儀中必備的阻尼器（圖 4-6），雖然是個常常被大家忽略的構造，卻是十分重要的角色，故在此需特別介紹，事實上在地震儀剛問世時，地震學家為了設計阻尼可是絞盡了腦汁。為什麼地震儀需要阻尼？因為沒有阻尼的地震儀在遇到稍大的地震時，就會像是在用麥克風唱歌時，將迴音 (echo) 不小心開太強所產生的效果一般，明明唱完了這一句，但聲音卻不斷迴響，干擾到了下一句的聲音。在記錄地震時的狀況便是：明明地震的搖晃早已停止，但地震儀中捲筒紙上的指針仍不斷地瘋狂擺動著，將因為慣性作用而產生的「假地震波」也記了下來，這樣不僅會讓紀錄失真，也可能會在地震接連發生時，掩蓋了稍晚到達的地震波。早期的阻尼是利用空氣產生阻力，使得在地震停止搖晃後，擺錘剩下的慣性力量也會因阻力而快速地減少 。 而後來的地震儀則是常以電磁感應的方式，用磁場來製造阻力。

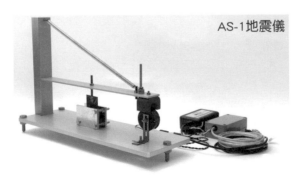

AS-1地震儀

♪ **圖 4-6　AS-1 地震儀結構圖**
用來科普推廣教育的 AS-1 地震儀，相較於基本的地震儀原理，多設計了磁阻尼的結構。

♫
推動地震儀發展的因素

戰爭竟然推動了地震儀發展？

　　不同層次的科技更新，也為地震儀、地震研究帶來更多的進步，但許多進步的契機卻不一定是以研究為出發點。比如世界地震觀測網 (World-Wide Standardized Seismograph Network, WWSSN) 是來自於 1960 年代冷戰時期，為了監測「核子試爆」而投入的資源。由於地震儀能記錄下來的振動不單單只有地震，在良好的地震觀測網之下，若有國家於地下進行核子試爆，必定無所遁形。基於這個原因，當時的美國政府便努力地讓一百二十個地震觀測站能盡可能地均勻分布於全球 （圖 4–7），以達到全面監控地下核試的目的。而這項計畫同時也意外地對地震學有了巨大貢獻：那些過去看起來沒有地震的地方，一下子都觀測到地震了；就像是患有重度近視的人突然戴上眼鏡一般，什麼東西都能看清楚了！有了更好的資料，研究也就能夠突飛猛進。WWSSN 意外的「副作用」，竟然是讓地震學家有更多清楚的資料，使得我們對於地球的內部有了更深入的瞭解。

　　除了我們現在於地科課本上提及的地殼、地函、地核等分層構造外，地球內部還有一堆複雜構造，也是在有了更多好的地震資料後才逐漸被解析出來。

　　到了冷戰末期，地震科學的發展又是由另一個軍事設施而帶動——全球衛星定位系統 (Global Positioning System, GPS)。衛星定位的問世是基於長程導彈與軍事部署需要更精確、即時的定位資料，因此美國也率先利用二十四顆人造衛星建立可以快速定位的GPS。可是，GPS 除了有助於快速精準地定位之外，也提供了精確度極高的時刻，而時間的精確度也直接決定了地震定位的精確度。有了可自動校時的 GPS 也減少了更多不必要的誤差。在這之前就常有耳聞，由於部分測站的時間錯誤，讓地震定位結果大幅失準的案例。

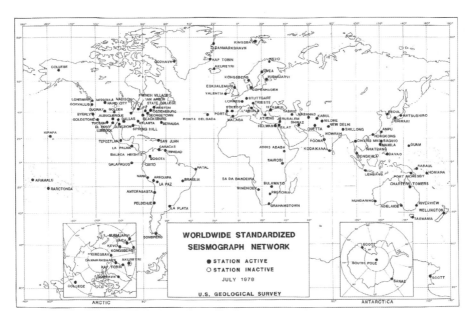

♪ 圖 4-7　世界地震觀測網的測站分布圖

戰爭外的其他影響因素

　　不過地震儀進步的歷程,也不完全都是源自於戰爭的幫助。當積體電路問世後,大家可能多會想到臺灣的高科技代工產業與經濟發展的故事,然而對地震儀來說,這又是另一個契機,因為不只是電子設備,連地震儀也是愈做愈輕巧。早期臺灣的威赫式地震儀、大森式強震儀這種外觀動輒幾公尺大的儀器,實在不怎麼方便,但隨著各種電子元件的發明,到現在相當輕巧、比手掌更小的 QCN 地震儀,讓「隨處都有地震儀」的超級密度分布不再是夢想。先不談後續的地震資料解算,光是利用偵測地震波,以振幅求得即時震度,如果地表有密密麻麻的地震儀,就已經可以讓我們很快地掌握哪邊震度大、哪邊震度小的資訊,這樣一來就能馬上提供災情評估的參考。

　　除此之外,隨著人工智慧與大數據資料處理的興起,也讓地震可以做到自動定位、甚至自動修正自己的定位結果。目前臺灣大學、中研院與三聯科技合作的 P-Alert 觀測網便利用這樣的系統製作了即時展示網頁 (https://palert.earth.sinica.edu.tw/),並可以自動產

♪ 震度變化

生出地震報告。另外,該網頁還能夠做到即時震度的展示,如果你一直盯著網頁看,此時剛好有個地震發生的話,就能立刻看到各個地震即時的震度偵測變化!(可掃描 QR code 觀看 2016 年高雄－臺南(美濃)地震的震度隨時間變化的影片)

♫
地震可以預測嗎

　　在地震發生時，我們的手機經常能收到警報訊息。之所以警報能夠搶在主要地震搖晃來襲前送達，就是多虧於網路傳輸與電腦科技的進步。有了遍布於各地的地震觀測站、準確的時刻之外，還得需要穩定而快速的資料傳輸，才能即時地收集到地震波資料。而將解算後得到的定位結果和警報快速、有效率地發送到需要的地方，也是在 4G 行動網路上市，可以運用細胞簡訊的方式發布後，才得以實現。

　　但是地震有大有小，當地震發生後，還需要經過解算資料確定是發生了大地震，而且會產生衝擊，警報才會發布。那麼，到底要怎麼樣才可以讓資料的解算又快又準確呢？

地震其實難以預測

　　「地震很可怕，假如地震可以像天氣預報一般，是不是就可以預防災害呢？」這或許是許多大眾對地震學家所抱持的期待，然而在這裡可能要先潑大家冷水了，因為經過長期對於地震前兆的觀察，不管是理論還是實證，實用的地震預報仍還不可行。當然，我們常常會看到網路上或是媒體報導中有些所謂的「達人」會聲稱自己可以預測地震，事實上這或許是因為臺灣地震頻繁，約莫每個月

都會在臺灣附近的某處發生規模 5.0 左右的地震，因此會讓有些人覺得預測地震是煞有其事，再加上人類的認知會偏向找尋正確的答案而非接受不確定性，所以才常會有「這些預測好像很準」的認知偏誤。其實不論你我都可以提出像是「一個月內臺灣會發生有感地震」的預言，而且這樣的預言保證命中機率還挺高的！但是這和可以實際應用、將「時間、地點、規模」都準確地預報，還是差了十萬八千里。

在此也要提醒，通常基於「真正的」科學原理、數據所提出的自然現象預測，都需要預先提出「不確定性」和「限制」，愈是斬釘截鐵的預言，愈是需要多懷疑幾分。畢竟科學家最不擅長的，可能就是「打包票」了吧！

說到地震預測也要特別一提，有許多科學家以嚴謹的方式，分析各種可能的物理現象，找尋其與地震的關聯，稱為「地震前兆」研究。只是因為地震前兆領域的研究瓶頸巨大，即使有新的進展，也並不一定都是重大發現，但因為涉及地震預測，大眾媒體反而特別感興趣，誇大報導的情況時有所聞。這種見獵心喜的態度，反倒容易將研究者與網路上常見的偽科學推廣者混為一談，抹殺了在冷門領域辛勤工作的學者。若想要導正視聽，需要的不只是破除假達人的偽科學，還需要提升大眾與媒體對科學的基本素養，否則與地震預測有關的偽科學可能就像燒不盡的野草一般，輕輕地一吹，謠言又甚囂塵上了。

雖然無法預測，但可以預警

　　雖然預測很難，但也別太灰心，地震來襲前可能會有「幾秒鐘」的預言機會，那便是「地震早期預警」技術（圖 4-8）。這技術的概念是，只要在地震定位和預估震度時「盡可能用最少的地震資料、最大化解算的效果」，就可以盡可能地賺取寶貴的時間，在人類和地震波的賽跑時間搶得先機。此外，前面提到的網路技術也是站在人類身邊的好幫手，因為目前已經沒有比電磁波、光纖或是電路更快的傳輸方式了。跟接近光速行進的網路比起來，每秒前進 3～6 公里的地震波慢得像烏龜一般。

　　不過想用少少的資料加速解算進程可不是什麼簡單的事情。首先，要有很密集的地震測站。這個條件倒還好，因為隨著科技的進步，現代已經能夠做到。但是，隨著地震測站愈多，資料量就愈大，此時就需要從海量的地震波形資料中，找到可以分析出「大地震」和「小地震」特徵的方式。如果能夠從最一開始到達的那一點點地震波就進行解析的話，便能完全達到預警效果。然而，發布效率與準確拿捏的權衡，對於專責的發布單位十分為難。以中央氣象局的強震即時警報為例，因為希望產製出來的警報預估規模與震度能更準確且穩定，因此無法使用電腦最快產生的第一筆自動報告直接發布，可能要等較穩定的第二、第三筆報告才能使用，如此一來當然也就比理論值又慢了一拍。但隨著預警技術努力增進，目前已經做到能在 10 秒後發布預警，這也大致接近這套系統的極限了。

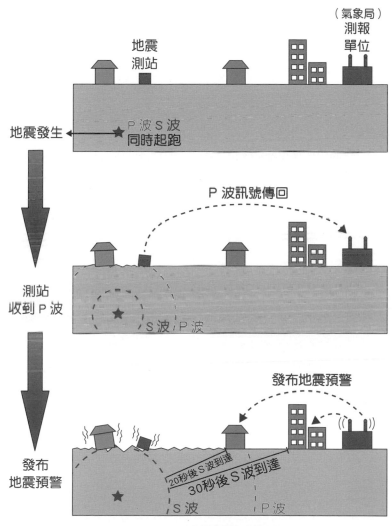

♪ 圖 4-8　地震預警的原理

兩種不同的地震預警方式

為什麼說 10 秒後發布預警已經接近極限了呢？ 那得從地震預警有兩種不同方式的原理說起。第一種方式是「區域型地震預警」。當地震發生後，地震波會先到達離震央較近的一些測站，當有幾個測站同時都偵測到地震，並利用蒐集到的前數秒資料計算地震的規模後，就可以進一步估算震度。依目前的警報發布標準，當震度預估達 4 級以上的地區便會收到細胞簡訊的警報。所以當你感到有地震卻沒有收到警報的簡訊通知時，請先別急著否定這套系統，說不定只是你所在位置估算的震度未達標準而已！而既然是需要利用離震央較近的測站先收到的地震波才能解算，這也代表愈靠近震央的地方，能即時在較大的 S 波搖晃來臨前收到警報的機會就愈小，這塊無法即時送達訊息的地方稱作 「預警盲區」。雖然預警有科學限制，但區域型地震預警還是有其重要性。比如離震央稍遠，但因為某些因素（如地質條件）而使得震度被放大的地方，就可以藉此系統得到警報而適度的減災（圖 4–9）。

那麼有沒有什麼辦法可以 「只用一個測站和極短暫的波形資料」就能見微知著，提供我們終極的地震預警呢？這件事情乍聽之下很科幻，其實早已行之有年，目前已經可以利用單一地震儀所收到的前 3 秒鐘 P 波資料就進行解算。我們已經知道，無論如何，P 波都是最快到達測站的地震波。根據過去臺灣大學吳逸民教授團隊的分析，發現可以透過 P 波前 3 秒的位移資料來判斷該地震是否屬於大地震，而如果自動波形分析顯示屬於大地震的特徵，便可預先

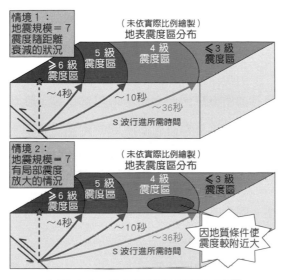

♪圖 4-9 　地震預警在情境示意圖

地震預警在某些情況下，距離震央較遠處仍可發揮功效。(※本圖採用的是舊制震度，現已將 5、6 級震度再分強與弱級)

發出第一個警報 ， 告知當地的人們有比較大的地震發生 ， 這就是「現地型地震預警系統」。這種預警方式的優點就是，除非地震就發生在你的正下方，否則幾乎都能夠利用 3 秒的 P 波得到提前預警的效果，大幅地減小了「預警盲區」的限制。雖然無法立即給出精確的資訊，但搶快倒是非常有機會。由這組 P-Alert 地震儀所組成的地震觀測網，目前已有超過七百臺地震儀遍布全臺，除了可以運用現地型即時預警的優勢，也可以結合區域型的地震預警系統，透過給定電腦適當的條件自動產生地震報告。臺灣的土地幅員小，但擺放的地震儀器卻是全世界密度最高的地方，也因此成就了這樣高效率的地震預警系統。

♫

地球聽診器也是房子問診的神器

臺灣的地震儀密度已如此之高，但已經足夠了嗎？可能永遠都不夠，因為地球的聽診器還有更多不同的用途。其中，有個重要的用途就是擺在房子裡，幫我們看看房子是否安全。或許大家都有一種經驗，就是當感冒或是不舒服時，講話、唱歌的聲音頻率和原本的自己差很多。同樣的道理，這個情況也可以用在分析建築的妥善程度上。

地震波既然能穿過地底下的石頭，當然也能穿透建築物的鋼筋水泥。假設剛完工的建築是完美無缺的狀態，我們可以先記下建築對於小地震或是背景雜訊所產生的振動特性，而在發生大地震或者是使用多年後，可以再對建築的振動特性進行分析，比對是否和剛完工時的振動特性一致，如果有明顯不同，就代表建築可能有潛在的問題存在。為了分析振動特性，常常會需要把原始的地震波形資料從時間域轉換成頻譜域，也就是原來是以時間為橫軸的資料，在經過轉換後成為以頻率為橫軸的圖形，再加以分析。地震波的「頻譜分析」是什麼概念呢？如果用人的聲音來比喻的話，就相當於在描述音色或音高的特質。能大聲唱高音的歌手，他的頻譜分析可能就會是高頻的振幅（音量）比較明顯；而如果歌手的喉嚨有受傷或感冒時，我們就會發現在唱同樣歌曲時的頻譜分析結果也會長得不一樣，也就是我們俗稱的燒聲（喉嚨受傷）。

　　如果建築物裡只裝設一臺地震儀，那麼對於分析建築物振動特性的能力是有限的，因此通常會需要裝很多臺，而且數量愈多愈好。但是，若買一臺地震儀要花上一百萬臺幣，那麼買十臺就要花一千萬，這樣的花費對於只為了分析出建築物的健康而言，投資未免也太巨大了！但如果有更低價（比如一千元等級），而且仍可以收到需要的資料品質的地震儀，那麼就可以大量安裝，幫助我們達到監測建築物的目標（圖 4–10）。由美國的史丹佛大學以及加州大學溪邊分校的兩位年輕學者柯克倫 (Elizabeth Cochran) 與勞倫斯 (Jesse Lawrence) 共同發起的捕震網 (Quake Catcher Network, QCN) 計畫以及開發的相關儀器，就包括了小型 USB 介面的微機電

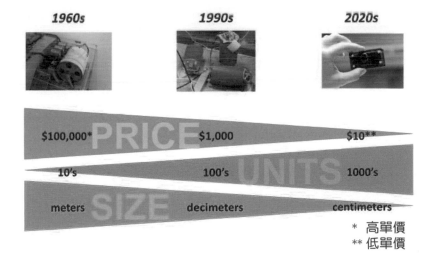

♪ 圖 4–10　**地震儀的價格與尺寸的關係**
地震儀隨著價格 (price) 和尺寸 (size) 減小，可以裝設的量 (unit) 變得更大，應用將更廣泛。

(MEMS) 強震儀，這類型的儀器輕巧、方便，就能逐步實現將大量地震儀放置於建築內監測的計畫。目前馬教授的團隊也在積極整合國內對於地震科學與地震工程的專業，推動相關計畫的執行。

　　說到在建築物裡放置地震儀，或許有人也會想問：「地震時，高樓總會感覺搖晃特別大。那麼地震到底會隨著樓層放大多少？這個問題有辦法透過儀器得到準確的答案嗎？」因為每棟建築的特性總是不太一樣，這個問題在過去很難回答。比如在總高度為三十層的高樓中的第十層樓，和總高度為二十層的高樓中的第十層樓，即使兩棟樓房就坐落在隔壁，但因為建築本身的共振頻率不同，它們在同一個地震中受到的放大效果也會不盡相同（圖 4–11）。所以當未來若有更多不同樓房類型、樓層高度的建築都擺設了許多地震儀，藉由更多的觀測資料，或許就可以更容易找到建築和地震之間的振動關係，說不定哪天還能做出分樓層震度的評估呢！

♫

如何研究地震儀問世前的地震

　　地震儀問世才短短一百多年，但地震在地球上卻早已存在了千萬年。雖然地震是地球常見的家常便飯，但如果我們要瞭解某個斷層或區域的大地震機制，目前擁有的地震資料仍是遠遠不夠的。而為了拓展科學上能統計的大地震資料，就必須往過去回推，尋找在地震儀發明以前所發生的地震：歷史地震與古地震（圖 4–12）。

QCN小型USB微機電（MEMS）強震儀之實測波形FFT轉頻率域

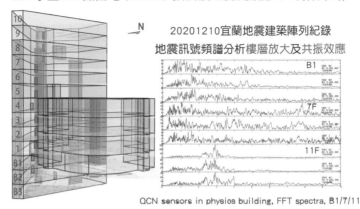

♪ 圖 4-11　利用不同樓層中的 QCN 地震儀進行頻譜分析

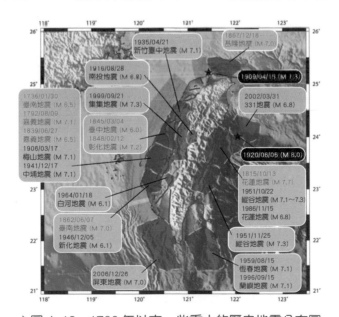

♪ 圖 4-12　1700 年以來一些重大的歷史地震分布圖

圖中藍線為中央地質調查所公布的第一類活動斷層，而不同的紅色區域
則是主要的孕震區域。

研究從蒐集資料開始

　　歷史地震一般是人類有歷史以來所記載下來的地震。研究歷史地震不但需要有地震的背景知識，還需要有人文科學與歷史學研究的素養，可以說是跨越文組與理組的專業。那什麼是歷史的素養呢？首先，我們要知道歷史也是人所寫的，並不像科學儀器的數據一般直接客觀，常會受到政治勢力的介入與社會氛圍的影響。天然災害看似與政治無關，但實際上政治無所不在，在地方官上呈給中央政府（朝廷）的奏報文書中，就時常見到有延報、謊報的情況。有些是因為地方需要額外的經費而誇大災情，有些則是為了個人仕途揣摩上意而隱匿不報。而後代所撰寫的前朝歷史，更是容易充滿後見之明的主觀判斷。如果百分之百將史冊上的內容照單全收，那也就把錯誤的資訊都拿來分析了。

　　為了解決資料偏誤的問題，首要任務就是盡可能地蒐集大量、完整、不同面向的資料。與臺灣地震有關的文獻，所使用的語言就涵蓋了中文、英文、西文、日文或其他外文，而文獻類型除了官方史料之外，還會有地方紀錄、稗官野史或是新聞文書等資料，甚至「廟誌、石碑」可能也會扮演重要的角色。臺灣有許多傳承百年以上的老廟宇，有些廟宇可能歷經過震災、水災或火災的關係而重建，而這些重建的緣由與資訊就會被廟誌記錄下來；另外，有些古蹟中的石碑也可能隱含過去的災害資訊，要調查這些資訊就需要深入田野一一走訪。在此我們不禁要佩服被馬教授尊稱為「地震柯南」的鄭世楠教授。從調查資料到進行分析，歷史地震的研究需要

耗費許多苦工，而鄭教授還從這些歷史文獻中發現了許多有趣的傳說和故事，並以此為主題進行了「塵封的裂痕」系列演講（圖4–13）。演講的內容包括：坐牢一百年的媽祖、清代不同皇帝批閱奏摺的習慣，以及 1906 年梅山地震後，臺灣的交趾陶文化因地震而發生興衰等，這些都是鄭教授在文獻中所挖掘出來的精采故事（若有興趣瞭解這些故事的讀者，可掃描 QR code 觀看「塵封的裂痕」系列演講）。

♪ 演講連結

♪ 圖 4–13　「塵封的裂痕」系列演講海報

進行資料的解讀

收集大量的資料之後，為了避免受到前面提到的歷史紀錄偏誤影響，就要分辨資料的可信程度。比如要排除前面提及撰寫者可能有政治考量這一點，就需要對作者的身分、社經地位、撰寫情境等進行檢核，以判斷文字內容的可信程度。除此之外，為力求客觀，將不同文獻中認為是同一次地震事件的描述交叉比對，若不同的描寫角度仍具有交集或是一致性，就能夠將事件發生的可信度提升。但即使已經花了大量時間做到這樣的程度，也只不過是解讀資料的「事前準備」而已！

因為對於歷史資料，後續還有字句解讀與轉換為科學資料的問題。例如：史冊裡的地震描述中就不可能出現「地震規模」一詞，就算從十九世紀末開始引進國外的震度描述，也不確定當時所使用的震度定義以及判斷標準是否統一；如果想用建築物倒塌的數量多寡或傾倒程度來判斷震度，就要先瞭解當代的建築型態，畢竟建築型態不同，遇震的反應也會不一樣；另外，主觀描述的搖晃程度除了因人而異外，也多少會因文字造詣或措詞不同而具有誤差；而日期與時間也可能會因為曆法換算或是紀錄者記錯而產生有些誤差，畢竟古代的報時是依打更或是觀日而定，若有天候因素或人為錯誤都可能產生一些誤差；在地理上，古代的地名與地圖疆域的變化也可能隨時代更迭而不同，這些資料都需要細細再驗證。以上的資料雖還是具有很不確定性，但只要事先考量過並給予誤差範圍，還是

能利用數字、地圖等方式來呈現。只要資料充足，就可以做出一張歷史地震的等震度圖。

透過資料對比進行模擬

那麼震央和規模呢？在當時沒有儀器當然就無法求得，但仍可以利用模擬比對的方式來找出「有可能發生的地震規模和震央」。這個方法需先假設「兇手」是誰，也就是發生災害地震的斷層是哪一條！辦案的檢察官常會用已知、具有犯案動機的目標找起，同理，地質學家則是會先從已知的「活動斷層」開始懷疑。活動斷層是指在不遠的過去（十萬年）曾經有活動過、未來也還有機會再活動的斷層，許多大型的災害地震經常是由這類斷層所引發。因為地質學家與地球物理學家平常就已針對這些斷層投入研究或是嚴密監測，所以我們只要嘗試著把這些「有嫌疑的斷層」可能的犯案手法模擬出來，就可以和歷史地震的資料相互比對印證。

當然，模擬不可以憑空想像，不然這就不是科學了！一般來說，在進行模擬時有兩種層次。首先，可以用現代在地震發生後的等震度圖跟歷史資料所建立的等震度圖比較，找尋出相似性高的組合。如果從等震度圖上看得出類似的震度分布或是衰減的趨勢，代表歷史地震的震源位置可能與比對後特徵相近的現代地震相當。接著，再依據震央與震源深度的推論結果比對地質資料，縮小嫌疑兇手斷層的範圍。

　　最後，來嘗試模擬幾個地震，看看不同模擬結果是不是會有一
樣的震度分布吧！以現代的地震資料推出的震源參數加以調整，也
就是設定不同的地震規模、斷層破裂的長度、寬度與滑移量，再根
據地質條件去模擬各地的震度（其實這和地震預警利用早期資料推
斷出各地震度的概念相近，只是一個是實際震源參數、另一個是假
設出的震源參數），便可以去找尋最相近的等震度圖進行比對，這
就是科學家合理地利用科學去猜測歷史地震的震央、規模等的方式
（圖 4–14）。

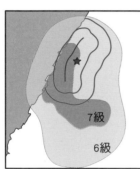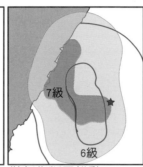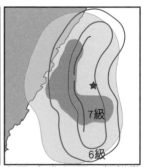

僅大甲斷層錯動
斷層長度 30 km
M_W = 6.8, M_L = 6.7

僅彰化斷層錯動
斷層長度 36 km
M_W = 6.8, M_L = 6.7

大甲+彰化斷層一起錯動
斷層長度 66 km
M_W = 7.2, M_L = 7.0

♪ 圖 4–14　1848 年彰化地震不同模擬結果等震度圖比較
以不同的斷層、震源模擬 1848 年彰化地震後比對的結果。紅色星號為研
究模擬時推估的震央；紅色線段為模擬部分車籠埔斷層錯動的區段；深
藍色等震度線由內而外分別代表震度 7 級、6 級的等震度區範圍。

歷史地震和古地震研究的限制

　　即使歷史可以融入科學研究，我們還是需要謹記這門學問的重

要素養——沒有人的地方，可能就不會有人知道災害，也因而不會被記錄下來。這也代表歷史災害資料只能告訴我們「至少」有發生過的災害情況，而實際發生的數量一定會比被記載且發現者更多。

　　此外，除了人類的歷史，在更久遠的地球歷史中，也有一些古老的地震是可以研究的。就像是利用考古學認識史前人類一般，地震也有像考古學的「古地震研究」。其調查方法就是去挖掘已知的斷層，並對斷層附近的岩層進行分析。在分析時，會用上地質學原理中的兩項重要原則：第一，岩層沉積時，愈下方的岩層愈老；第二，古老的地質構造會被之後才發生的地質事件所影響。

　　所以，只要選定適合的地點挖開斷層面並分析斷層與兩側的岩層，找尋裡面可以定年的材料，就可以重建過去斷層面上發生的古地震事件。像是於九二一集集地震後，在進行現今車籠埔斷層保存園區裡的槽溝挖掘研究時，臺灣大學陳文山教授的團隊便依據槽溝內的剖面，找出了過去二千年內六次大型錯動事件的地質紀錄。

為什麼需要瞭解歷史地震和古地震

　　可能有人會覺得，歷史地震和古地震事件的研究與地震儀器所記載的地震事件相比，好像沒有那麼科學或是精確。因為歷史地震是使用歷史學的研究方法，而古地震事件則是運用考古學的方式，都和我們熟悉的、以觀測為主的實證科學不太一樣，所得到的資料也不是精確的數據。但是，不管是歷史地震和古地震都有其嚴謹的研究方法。只要我們使用時記得資料中具有假設、不確定性與限

制，一樣可以作為科學分析以及災害風險管理使用。

　　而且在喚醒防災意識上，這些歷史性的大地震也是極重要的教材，因為像是 2000 年後出生的學生們，就沒有經歷過九二一集集地震了。由於沒有親身體驗過如此大的地震，因此我們就需要花更多的心力來跟他們強調大地震的風險。畢竟身在臺灣，一生中至少都會遇上一次大型的災害地震，這是在這塊土地上生存之人的人生必修課。

♫
為何地震總是一再地發生

　　常有一些外國旅客到了臺灣會被小規模的地震嚇到，而相較之下，臺灣人對於小地震似乎會較為淡定一些。此外，我們也常常會聽到，我們就坐落在地震帶上，所以地震頻繁。地震的發生主要和板塊作用有關，所以大部分的地震發生地點都是以帶狀分布於板塊的交界之上。臺灣正是歐亞板塊和菲律賓海板塊擠壓碰撞所形成的產物。若仔細觀察臺灣的地形圖，會發現絕大多數的山脈都是沿著東北－西南向分布；如果再與地質分區和斷層圖一起觀察，也可以發現三者有走向相同的「巧合」。但其實這個現象不能算是巧合，而是應該解讀為——臺灣的地質構造和地理分區大多是來自菲律賓海板塊向西北推擠所形成的。而在形成的同時，島上的岩層也因為受力不均而形成了斷層。像發生集集地震的車籠埔斷層這樣會發生地震的斷層，在全臺至少還有數十條。

　　但為什麼斷層會發生地震？而且還有可能會一再的發生？斷層與地震的關聯也是在將近一百年前左右，科學家才逐漸發現兩者的前因後果。1906 年，除了有臺灣的梅山地震外，還發生了另一個更加震驚世界的「舊金山大地震」。在舊金山地震發生之前，地質學家對於斷層和地震的關係正處於一個「似懂非懂」的狀態。

　　早些時候，在地震後的地質調查中，總會發現一些地面破裂的情況，但一開始地質學家並不知道這種現象的確切機制，只知道與地震有關。而在 1906 年發生地震後所進行的地質調查中，美國地質學家里德 (Hanry Fielding Reid) 發現了一些農場的圍籬有不尋常的變形情況，而且這些變形又明顯地與地面上所看到的斷層有關。經過一系列的調查後，他發現可以把斷層、地表變形與地震的關係分成以下三個階段。

　　第一階段為斷層未受外力的作用，所以也沒有產生變形的階段。若為第二階段，隨著力量的累積，變形也會慢慢地變化，此時斷層面因為摩擦力的作用，使得整塊岩層就像有彈性一般，呈現卡住、還沒有斷開的變形。到了第三階段，斷層上面的作用力和摩擦力之間的平衡達到臨界點，並一口氣錯動開來，引發地震。換句話說，地震就是岩層受力達臨界點而突然錯動，並將累積的應變轉換成能量再釋放出來的現象。

　　就加州的聖安德列斯斷層來說，地震即隨著斷層的活動，會以同樣的循環周而復始地再現。在一次大地震後，這個循環就會重新來過，也就是回到第一階段累積應變。而里德在撰寫 1906 年舊金

山地震的調查報告時，在「地震的發生機制」中也將這樣的理論公式化，以數學式與物理機制呈現，使其變為一套科學理論——彈性回跳理論（圖 4-15），至今仍為解釋大部分斷層引發地震的主要理論架構。

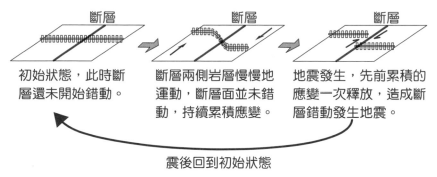

初始狀態，此時斷層還未開始錯動。

斷層兩側岩層慢慢地運動，斷層面並未錯動，持續累積應變。

地震發生，先前累積的應變一次釋放，造成斷層錯動發生地震。

震後回到初始狀態

♪圖 4-15　「彈性回跳理論」的地震反覆循環機制示意圖

　　所以像這種會發生大地震的活動斷層，在發生地震後，應該會將累積的一筆龐大應變釋放出來，而後會再由板塊運動或是其他的地質作用開始重新累積應變，最後再次發生下一次大地震。

　　既然知道地震有重複發生的機制，那是不是可以藉由前面提到的古地震、歷史地震和觀測的紀錄推估之後地震發生的時間點？這個問題的答案為「是，也不是」。雖然在理論機制上可行，但至今所有觀測與分析的資料來源有著許多不確定性，導致這種預測目前仍無法成真。但聽到這裡也不用太洩氣，因為從防災與工程的角度來看，將目前所有可以蒐集到關於斷層與地震的資料經過一系列的整合評估，並用「發生機率」的方式呈現，就能對於未來防災的整備提供更明確的幫助。

♫

從地震模型中尋求避災之道

在彈性回跳理論的模型中，我們對於斷層最不瞭解的部分，正是慢慢累積應變的第二階段，也就是應力長期間慢慢累積的過程。因為斷層上的應變從零逐漸累積一直到錯動的過程，所費的時間真的太久了，如果是大地震，可能會需要百年至千年以上，而我們能用全球衛星定位系統或精密測量精確觀察到的部分，也就僅僅只有最近十幾年的資料。但如果是利用地質資料推算應變累積的變化，其中一些方法的誤差與不確定性又大，儘管統合計算是可行的，但沒辦法做得太精確。

針對不同的資料，需要找尋它們可以使用的限制，並將這些資料依照可以相信的程度，以不同的權重加以分配計算，最後利用統計的方式來找出「最大發生的機率」。這又是一系列難以解釋的流程，簡化來說就是我們會依照各種資料，逐步建立發生機率的模型（圖 4-16）。第一步驟為斷層模型，是利用地質資料剖繪出斷層的樣貌。第二步驟為變形模型，是將已知的斷層累積能量的資訊代入。第三步驟為綜合上述兩者得到地震發生機率模型，並利用已發生的地震資料、歷史地震或古地震資料，找出再現週期和其誤差範圍。在上述這些流程中，我們將所有可以調查到的資料都盡可能地套用到斷層發震的模型上。而像是地震再現週期的年份，也將會藉由統計運算轉換成機率以利風險評估。因此最後所得到的結果會以

「未來○○年， ○○斷層發生規模為○○地震的機率為百分之○○」來呈現。

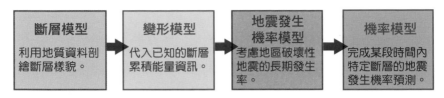

♪圖 4–16 活動斷層與孕震構造潛勢評估的四大流程

地震工程上有一句名言：「殺人的是地震、不是房子。」地震主要造成的人命損失，絕大部分都是因建物倒塌或是後續的火災所造成的。故「大震不倒、中震可修、小震不壞」就是防範地震災情的重要目標。如果把地震發生機率的分析結果應用在一般住宅建築上，就會以五十年為目標時間，意思就是如果要蓋房子，就得讓房屋至少在未來五十年內不會因大地震而損壞。所以最常見的地震風險機率圖，上面所寫的數值就會以未來五十年的機率為主。比如中央地質調查所在 2021 年公布的「臺灣活動斷層未來發生規模 6.5 以上地震發生機率」，便標示出了在未來五十年內，哪邊發生大地震的機率較高，大家也就能依此圖瞭解到，應該趕緊去補強鄰近哪些斷層的建物了。而像是臺灣地震模型組織在 2015 年公布的 「未來五十年地表振動強度機率分布圖」（圖 4–17），更直接以模擬的結果告訴大家，未來五十年某個地方因為地震產生的最大震度有多大，而該地的房子就應該以此為標準來設計。不過對大眾來說，或許五十年有點太遠，而且並非人人都是住在新蓋好的房子中，所以也有

些資訊會以未來三十年或十年作為呈現方式，如此一來對一般大眾應會更具實用性。

地表震度達到5級以上
（PGA＞0.23 g）

地表震度達到6級以上
（PGA＞0.33 g）

發生機率(%)

0　20　40　60　80　100

♪ 圖 4-17　地表振動強度機率分布圖

　　不過令人覺得遺憾的是，科學家與民眾間的隔閡總是會讓災害風險的傳播阻礙重重。最常見到的迷思便是對於危害 (Hazard) 和風險 (Risk) 間的混淆，比如像是我們提出了危害程度（未來五十年會遇到的最大地表振動強度），卻被視為是立即風險（覺得這就是即將發生、無法準備的事情）。但實際上我們希望傳達的只是要告訴

人們，針對未來五十年內遇上的震度會比較大的地方。如果當地有較為脆弱的建築物，就應該要盡快補強或重建，而非坐以待斃。但此時又會出現另一種迷思，那就是民眾對於耐震檢測與補強總是退避三舍。這多少也是源自於國內都會區的房價總是居高不下，因而使得民眾產生諱疾忌醫的心態，認為檢測與補強就是要花大把銀兩。但就像癌症需要即早治療一樣，耐震也是需要即時評估、補強的，尤其是我們無法確認下次地震何時會發生。

近年來，馬教授與筆者透過「震識：那些你想知道的震事」的部落格和臉書社群專頁，試圖和大眾拉近距離。部落格提供了由淺入深的地震知識、故事以及防災相關的文章，而臉書社群則希望能即時地以時事新聞回應大眾的疑惑。另外，也出版了兒少科普書籍——《地震 100 問》向下扎根，期待以深耕地震科普與教育的方式，讓科學家能傳達這些重要的震識！

♫

地震情境模擬

讓電腦來演奏地球脈動：地震情境模擬

不怕一萬，只怕萬一，防災的措施除了平時或是事前的準備，也包括災時的應變。前面提到的地震再現週期與發生機率統計，是為了讓防災的資源在平時能夠更全面分配，並不代表實際必然在幾年內會發生、或是發生在特定地點上，因為真實世界是極度難以預測的。這在天氣預報上已經有無數經驗：颱風的實際路徑若偏差個

一點點，就可能帶來完全不同的災害分布與狀況。因此，除了我們平常一直宣導的趴下、掩護、穩住，或是防災演練應該要確實地實踐之外，還有一項非常重要的災害準備就是「先想好災害發生時的狀況」，如此一來到真正災害來臨時才不會慌了手腳！

　　過去，在某些國外重大的地震事件發生過後，常有媒體會以訪問或談話性節目的方式詢問科學家：假如同樣的地震發生在臺灣，災害情況會怎麼樣？從防災的角度來看，這是好問題，但以科學角度來切入卻不容易回答，因為「沒有遇過的事，誰也說不準」。比如 1909 年，在臺北的下方 70 公里深處發生了規模 7.3 的地震，其災害傷亡在歷史上算是相對少的，但當時的政治經濟中心並不在臺北，建築與人口密度也遠遠不如現在這樣密集，因此當時的資料可能無法作為現在災情預估的參考。實際上，我們還未曾經歷過在近代如此密集的建築下，強震所帶來的考驗。但與其等到真實的災害發生，還不如先就目前科學可以處理的方式，對於大地震來襲時的情況進行模擬（圖 4–18）。

　　地震情況的模擬當然需要愈接近真實才能真的發揮幫助，像是臺北盆地常會因為場址效應而放大震波，此時就需要針對盆地內的地質情況有充分瞭解才能準確地評估。想瞭解盆地內的地質情況，就需要大數據的整合來幫助，前面提到利用大量的地震儀蒐集資料，會有助於分析出地底下的構造細節（圖 4–19）。地震的位置、深度若是差了幾公里，則結果就會相當不一樣，因此高解析度的地下模型，可以協助我們更清楚地推估地面受地震影響的差異。

斷層參數

(1) 經濟部中央地質調查所；
(2) 科技部臺灣地震模型（TEM）

發震破裂模型

山腳斷層發震
破裂情境

地殼結構模型

考量整個北臺灣地
殼及地形波傳特性

地震波傳
遞模擬

例：山腳斷層南段
破裂（規模6.6）之
地表振動情境模擬

格點數值方
法進行計算

♪ 圖 4-18　大規模的地震情境模擬流程圖

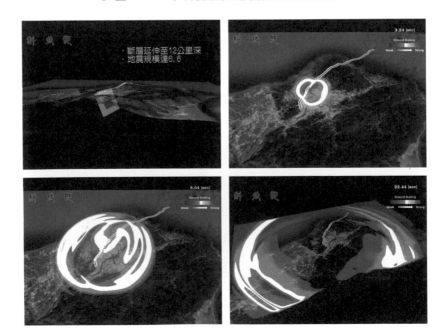

♪ 圖 4-19　震後地震波傳遞之時空結果

地震模擬的應用與未來展望

　　有了高解析度的地震模擬，還需要瞭解地面上的建築特性，才能知道災損情況。不過在先前我們也提到，每棟建築因為樓高、型式、年份等各種因素各異，因此難以一概而論。而大量將地震儀放置於建築中，也非一蹴可幾的事，因此至今仍有許多類型的建築缺乏這類的研究。而且即使有了這樣的資料，還需要能套用到真實的市區、街道之中。不過這方面問題稍稍容易一些，因為利用自動化空拍影像判讀街屋的型式，就可以概括出城市中的建築分布。綜合以上資料，若想推估某個行政區遇到大地震的災損結果，就會更加接近真實與準確。而有了這樣的結果，就能夠判斷出城市中的何處較為脆弱，可以協助救災單位提前規劃，而政府也更能知道補強建物最需從哪裡做起。

　　然而，防災可能永遠都沒有盡頭，做得再多，未來還是一樣漫漫長路，而這就和地球科學所跨越的尺度之大有關。如果我們想要關注的重點是「人命關天」，那麼面對防災時，就不能單純只考量減災、減損，因為生命沒有輕重之分，每一次地震最理想的狀態是沒有人會因地震而死亡，這也是為什麼地震防災模擬的解析度愈高愈好。前面提到的高解析度，最多也就只能到達區域性的建築物。將解析度提高到每一條人命的程度，是我們未來的終極目標。

　　但若是往更大的尺度來看，大地震帶來的衝擊也不單只是一瞬間屋倒樓塌帶走的寶貴生命，在災後還有更多倖存的人需要面對災後的社會經濟衝擊與重建生活的挑戰。就算災後人們活下來了，然

後呢？無論是九二一大地震的重建之路、八八風災後小林村的遷村故事，不僅傷痕難以癒合，回復之路還十分艱辛。當災害太過嚴重、沉重時，再多的災後填補也都是亡羊補牢。近年來對於暴雨洪災，常聽到「海綿城市」；而處理地震危害，需要的則是「智慧城來」（圖 4–20）。前面提到的許多研究面向，都是成就智慧城來的一塊塊拼圖，包括：高密度地震資料帶動的地震情境評估、以地震儀監控建築並結合衛星影像與街景，到最後考量社會的脆弱度以及災後能快速回復到正軌的能力。「智慧城來」拼圖需要的是跨界研究，而不僅僅只有地球科學的專業。期許我們能以科學家的研究來與政府、產業合作，將科學回饋於社會，建立一個面對災害時具有絕佳韌性的環境。

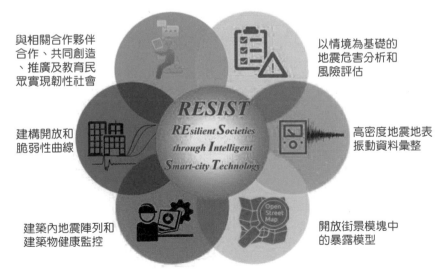

♪ 圖 4–20　結合各個研究面向成就「智慧城來」

chapter 5

聲音在脊椎動物生活中
所扮演的多樣角色

講者｜國立海洋生物博物館特聘講座教授　嚴宏洋

♫
聲音的功能

　　每年從 4 月開始，住在都會區內的人們大概都曾經歷過整夜聽到夜鶯尖銳又高分貝的叫聲 （請掃描 QR code 聆聽），這樣的叫聲干擾了許多人的睡眠，令很多人非常受不了。其實夜鶯之所以會鳴叫，是因為牠們在求偶繁殖季節時 ， 需要透過鳴叫來相互溝通，以達到生殖繁衍後代的任務。究竟聲音除了溝通之外，還有哪些功能呢？

♪ 夜鶯叫聲

　　從 2014 年起，我便開始在東沙海域從事水下聲景的研究工作。研究團隊將水下麥克風、類比轉數位訊號轉換器和數位錄音機放在船上（圖 5–1），待船隻到達定點後，便將水下麥克風下垂到固定的深度，並啟動錄音系統。此時再搭配上耳機的使用，就可以即時聽到水下的聲音。但這種作業方式的缺點是：每次出海作業的時間有限，而且很容易被海況和氣候因素影響。於是研究團隊採用了另外一種方式，將數位錄音筆固定在礁石或海床上，並設定好每天要錄音的時段和時間長短 ， 接著就只需要在電池快用盡或記憶卡快滿時，再出海潛水取回並更換新的電池與記憶卡即可。目前這種方式也是大多數從事水下聲學研究的人所採用的研究方法。這種方法的好處是，在短期內可以記錄到大量的聲音檔；然而，卻也有個非常大的瓶頸需要克服，那就是必須以人工的方式去反覆聆聽錄音檔來

截取有生物意義的聲音，並加以判讀是哪種生物所發出的聲音，這是一項十分耗費人力的工作。那麼，究竟這個研究領域有著什麼樣的魔力，使得我一直在這方面持續耕耘呢？

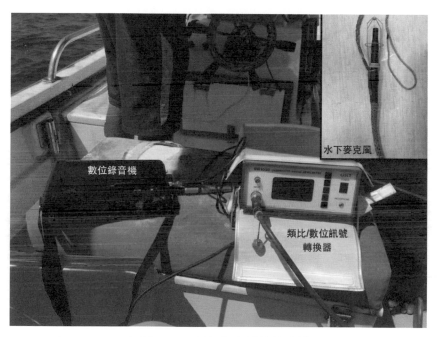

♪ 圖 5-1　水下錄音系統的設備

　　2015 年 6 月 29 日，我在距離東沙島的西北角海岸約 50 公尺、深約 3 公尺的海溝內布放了水下麥克風。透過在岸上的即時監聽，耳機中傳出了海豚的連續叫聲，我馬上請在周邊的四位研究夥伴協助注意水面上是否有何動靜。在耳機中傳來的海豚連續叫聲長達約 20 分鐘，但始終沒有人看到有任何海豚露出水面進行換氣。在回到

實驗室後，我使用聲音分析軟體對錄到的聲音檔進行
分析，並在得到「聲波圖（sonogram，橫軸為時間，
縱軸為聲音強度）」、「頻譜圖（spectrogram，橫軸為
時間，縱軸為聲音頻率）」（圖 5-2）和「功率譜圖
（power spectra，橫軸為聲音頻率，縱軸為聲音強度）

♪瓶鼻海豚
　叫聲

（圖 5-3）這三組數據後，將該數據與已發表的文獻資料進行對比，
結果確認了所錄到的海豚叫聲是由瓶鼻海豚 (*Tursiops aduncus*) 所
發出的 （請掃描 QR code 聆聽）。當我將此發現與東沙環礁國家公
園管理處處長分享時，他表示那是在東沙島沿岸第一次錄到瓶鼻海
豚的叫聲。但有個問題是，為何當天沒有人目視到瓶鼻海豚浮出水
面換氣呢？這是因為聲音在水下的音速每秒約為 1,450 公尺，若這
頭海豚是在 10 公里外發出聲音，那麼只要 6.89 秒就可以到達水下
麥克風的位置。當時我們所在的位置和多雲的天候，使我們難以觀
察到在遙遠距離以外的海豚到水面換氣的動作。這項發現，也說明
了為何我們需要長期在東沙進行水下聲景的監測。因為我們可以透
過生物所發出的聲音來得知是否有該物種存在於當地，而不必耗費
大量的人力和物資去捕獲生物進行鑑定，如此一來就能夠以簡單的
方式瞭解當地生物組成的歧異度。

　　那為何瓶鼻海豚要發出聲音呢？從學理上來說，海豚是使用發
出來的超音波來偵測水下的世界。瓶鼻海豚所發出之聲音的音頻範
圍是 200～150,000 赫茲 (Hz)，這樣的聲音透過水當介質，在撞到物
體（例如魚或礁石）後便會反射回到海豚身上，而海豚再透過解析

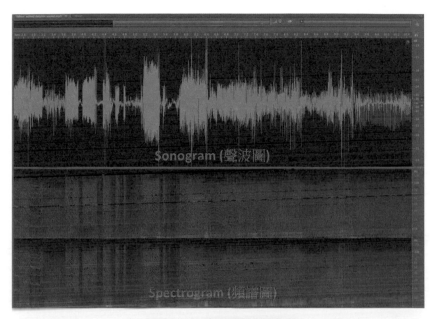

♪ 圖 5-2　聲波圖與頻譜圖

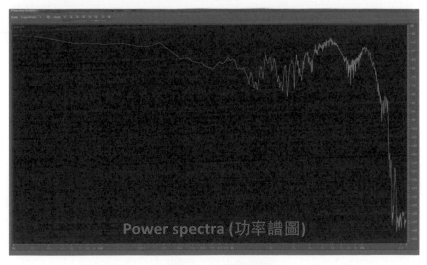

♪ 圖 5-3　功率譜圖

聲音去、回所花費的時間和相對位置的變化，就可以偵測到物件所在的距離和方向，並進一步採取必要的動作。此外，海豚群體間的溝通也是透過所發出的聲音來達成的。

♫ 魚類發出的聲音

實驗室中的研究

二十多年前我在美國任教時，實驗室有位研究生的博士論文是研究長耳太陽魚 (*Lepomis megalotis*) 的生殖行為。她發現，在求偶時，雄魚會在與進入牠所構築的巢穴的雌魚共游時 ，發出響亮的求偶叫聲（請掃描 QR code 聆聽）。而在後續的研究中還發

♪ 太陽魚求偶叫聲

現，雄魚叫聲音量的大小和時間的長短，是雌魚決定是否要在巢內下蛋的依據。

在我實驗室中還有一位來自義大利的博士後研究員 ， 是以臭鮠鰍 (*Yasuhikotakia morleti*) 為材料來進行研究。他發現，若兩尾體長、體重完全一樣的魚在搶奪魚缸中唯一的蔽護掩體時 ， 最後的贏家都

♪ 臭鮠鰍叫聲

是在進行拮抗行為時，所發出的聲音音壓較高，且能持續鳴叫較長時間的個體。

　　實驗室中另一位來自奧地利的訪問學者也進行了一項實驗。 他將兩尾雄長紋短攀鱸 (*Trichopsis vittata*) 放入水族箱內， 並將兩魚用不透明的隔板隔開七天後， 再將隔板移除。 兩尾魚在互視對方後， 馬上將自己的鰓蓋往外張起以展示給對方看， 並同

♪ 長紋短攀鱸
對叫聲

時用繞圈子的方式持續進行展示這動作，目的是要向對方彰顯自己的體型較大。這樣繞圈圈的行為約可以持續半小時左右，若沒有任何一方願意認輸，雙方就會開始發出被我們稱為「雙響砲」的對叫聲 （請掃描 QR code 聆聽）。這種由胸鰭鰭條上的兩個肌腱，與鰭條相互磨擦發出拮抗聲音的行為，是牠們為了防衛領域而產生的，持續時間約可以長達 30 分鐘。 在這種對抗行為結束之後，贏家會在魚缸內自由地游動，而輸家則會躲在角落。在進行實驗前，我們就已經確認兩尾魚的體長、體重皆是完全一樣的，但是在分析了實驗過程中所錄到的聲音檔後，我們發現贏家所發出的聲音具有三大特點——音壓高、發出聲音的次數多，而且能持續地發出聲音。

毒棘豹蟾魚的擇偶機制

　　美國維吉尼亞州共榮大學的麥克·懷 (Michael Fine) 教授在海邊約 30 平方公尺面積的牡蠣礁石區水下，記錄了四尾雄毒棘豹蟾魚 (*Opsanus tau*) 所發出的求偶叫聲 （請掃描 QR code 聆聽），並配合水下錄影進行分析。 分析結果發現，四尾魚所發出的最

♪ 毒棘豹蟾魚
叫聲

高音壓和主頻 (dominant frequency, DF) 分別為 85 分貝、150 赫茲
（代號 F1）；75 分貝、500 赫茲 (F2)；67.5 分貝、600 赫茲 (F3)；
65 分貝、300 赫茲 (F4)。令人驚訝的是：當 F4 唱歌時，其他三尾
魚也會跟著唱歌，顯然是為了要壓過 F4 的歌唱聲；當 F3 唱歌時，
F2、F1 也會同時唱歌，但 F4 就不會出聲；當 F2 唱歌時，就只剩
F1 會跟著唱；而當 F1 唱歌時，則其他三尾皆不會作聲。很顯然地，
這四尾魚會以發出來的聲音當作標記，區分出相互的 「社會順位
(social hierarchy)」 排序。而在記錄的影片中也顯示，雌魚在擇偶
時，會偏好選擇音壓高、主頻音頻低、社會順位高的雄魚。

　　雄毒棘豹蟾魚主要是靠腹腔內兩側的發聲肌 (sonic muscles) 在
收縮時，與氣鰾相互磨擦而發出聲音。個體愈大者，因為有著較大
的發聲肌，所以能夠發出較高音壓的聲音。此外，這些個體的氣鰾
也可能比較大；氣鰾的功能就像是提琴的共鳴箱，體積愈大，則頻
率就愈低。雌魚只要以音壓高、頻率低這兩項物理特性來評斷，即
使不必目視到雄魚，依然可以達成選擇體型較大的雄魚的決定。

兩棲類發出的聲音

以蛙鳴聲擇偶背後的意義

　　大家應該都有經驗，每當春天一到時，蛙鳴的聲音總是隨處都
可以聽得到，那其實也是雄蛙求偶的叫聲。我就讀博士學位時，系
上有位法蘭克・布雷爾 (Frank Blair) 教授注意到，他住家後面的池

塘住有兩種蛙類——北方蟋蟀蛙 (*Acris crepitans*)（請掃描 QR code 聆聽）和南方蟋蟀蛙 (*Acris gryllus*)（請掃描 QR code 聆聽），但多年來從沒有雜交後代的產生。這使得他非常好奇，這兩種蛙是如何避免發生雜交呢？他分析了這兩種蛙類叫聲的頻譜圖後，發現兩種蛙的叫聲特性有著很大的差異，由此他提出假設：這兩種蛙類的雌蛙，是透過聲音的辨識來避免發生雜交。為了驗證雄蛙的求偶叫聲是能夠被各自的雌蛙分辨出來的假設，他便進行了很簡單的行為選擇實驗，而結果也確實證明了叫聲的差異的確使得這兩種蛙類不會雜交，持續維持種化的過程。

♪ 南方蟋蟀蛙叫聲

♪ 北方蟋蟀蛙叫聲

　　布雷爾教授當時的一位研究生卡爾・蓋哈德 (Carl Gerhardt) 在研究灰樹蛙的求偶行為時，發現到雌蛙在擇偶時，會偏好叫聲比較長的雄蛙，這項發現與達爾文的「性擇理論 (Sexual selection)」相符。也就是說，叫聲較長的雄蛙應該會帶有較好的基因組合，而雌蛙透過雄蛙叫聲長短，就可以區分出具有更適合生存的基因的個體，如此一來，與之交配所產出的後代應該也會有較好的遺傳基因。

　　後續，蓋哈德和他的研究生愛麗絲・威爾契 (Allison Welch) 將成熟的灰樹蛙卵分成兩組，其中一組與叫聲長的雄蛙精子交配，另一組則與叫聲短的雄蛙精子交配，接著將孵化出來的蝌蚪飼養在低食物量和高食物量的狀況下，並分析五個相關參數的差異（表 5–1）。在高食物量（也就是代表資源量豐富）的狀況下，兩組蝌蚪在成長

速度、變態為幼蛙時的體重、蝌蚪期存活率、變態後的成長這四項
參數上並沒有差異，但叫聲長的後代其蝌蚪期會較短。蝌蚪期的長
短是會影響生存的。若蝌蚪期愈短，表示要依賴鰓呼吸的時間就愈
短，也就比較有機會可以避開小灘水窪乾枯的危機。而在低食物量
的狀況下，叫聲長的後代在成長速度、變態為幼蛙時的體重、蝌蚪
期存活率、變態後的成長這四項參數上都比叫聲短的後代表現佳，
但在蝌蚪期的長短上則沒有差異。

♪ 表 5-1　同母異父蝌蚪成長差異比較

參數	高食物量	低食物量
蝌蚪成長速度	－	長 ≫ 短
蝌蚪期	長 ≫ 短	－
變態時體重	－	長 ≫ 短
蝌蚪存活率	－	長 ≫ 短
變態後成長	－	長 ≫ 短

　　這項很簡單但成果又很漂亮的研究清楚地顯示：影響雄灰樹蛙
叫聲長短的因素，事實上牽涉到背後許多基因組合的運作；而雌蛙
只要透過叫聲長短這項單一的物理參數，即可做出擇偶的選汰。這
與前面篇幅敘述的，幾種魚類以聲音作為擇偶時考量的機制是相同
的。但到目前為止，研究者們仍然不知道魚類或蛙類是將這些比較
聲音特質的比較模版儲藏在腦區的哪一部門，也不知道這種對比聲
音長短、次數、音壓高低的機制是如何達成的。但毫無疑問的是：
這整個過程應該是由一整組的相關基因，在被性腺激素啟動之後所
表現出來的。不過，目前我們對這一大謎題的所知仍然相當有限。

叫聲比較響亮有代價嗎？

德州大學動物系的麥克‧萊恩 (Mike Ryan) 和他的同儕莫林‧特陀 (Merlin Tuttle) 在巴拿馬熱帶雨林中研究細趾蛙 (*Engystomops pustulosus*) 的生殖行為時，注意到叫聲愈宏亮的雄蛙愈容易吸引到雌蛙來與牠交配，這個結果很符合前述的達爾文「性擇理論」所預測。但是他們兩人在野外工作時也記錄到，叫聲愈大的雄蛙也相對容易被牠的天敵邊緣唇蝠蝠 (*Trachops cirrhosus*) 透過聞音定位而捕食（圖 5–4）。也就是說，叫聲宏亮的雄蛙雖然在生殖時占了被雌蛙青睞的優勢，但相對地也暴露了自己所在的位置，因而增加了死亡的機率，這便是天擇理論 (Natural selection) 的運作。事實上，生物界的演化都是這兩種相互拮抗的機制在運作，才得以維持我們今天所觀察到的生物現象。

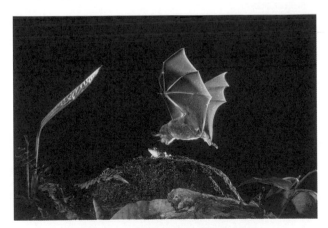

♪ 圖 5–4　邊緣唇蝠蝠獵捕細趾蛙

♫
爬蟲類所發出的聲音

響尾蛇的警告

響尾蛇的尾端具有一排由角質蛋白組成的中空角質環（或稱為響環），當尾巴抖動時，響環內的空氣便會被震盪，從而發出響聲。響尾蛇一般是在面臨威脅時，才會發出聲響來警告靠近的動物。至目前為止還沒有證據顯示，這聲音與求偶行為有關。

鱷魚的歌聲

成年的鱷魚目動物會發出聲音，主要是為了捍衛領域與求偶；至於幼鱷則是在孵化出來後，會呼叫守候在巢穴旁邊的母鱷來幫忙撥開巢穴上的掩埋物，如此才能破巢而出。雄鱷魚在求偶時，會發出超低頻 (infrasound) 的聲音 （主頻約在 19 赫茲） 來

♪ 鱷魚求偶的影片

吸引雌鱷的注意。值得一提的是，當鱷魚發出聲音時，會使得整個體腔有共振的反應，若此時軀體剛好位於水面下，便會造成水分子在水面跳動，產生相當特殊的現象（有興趣進一步瞭解的讀者，可以掃描 QR code 觀看相關影片）。 由於鱷魚在繁殖季節時有強烈的領域行為和攻擊性，使得相關的研究工作十分不容易進行，而研究者們對於鱷魚發出聲音的機制和相關聯的行為表現也因此所知道的仍然很有限。

研究人員目前知道，爬蟲類中只有響尾蛇和鱷魚這兩大類會發出聲音。就種類而言，比起其他脊椎動物是少了很多。為何會有這種差異，是很值得探討的好問題。

♫ 鳥類發出的聲音

精巧的發聲器官

中文常用「鳥語花香」來描述春天的景象，而其中的鳥語，主要指的就是鳥類所唱出來的歌。以解剖構造而言，鳥類沒有類似人的聲帶，而是以鳴管作為發聲的器官。它位於鳥類氣管的底部，當空氣流經鳴管後，會引起部分或全部的鼓膜和骨膜振動，建立起一個自激振盪系統。而該系統可以透過調控肌肉來改變膜和支氣管開口的張力，並以此調節產生聲音的氣流，進而製造出聲音的變化。

但並不是所有鳥類所能發出的聲音都是來自鳴管。達爾文在他的《性擇論》(*The Descent of Man and Selection in Relation to Sex*) 一書的第八章第 65～66 頁中認為，南美洲安地斯山區的雄性棒翅侏儒鳥 (*Machaeropterus deliciosus*) 應該是會使用羽翅末端的棒狀羽毛相互敲擊，從而發出機械性的聲音，以此吸引雌鳥的注意。他的這個推論在 2000 年時，被研究者們以超高速攝影機證實了。研究者們在野外拍攝到，雄鳥會將雙翅舉起到背上，並讓左、右翅末端空心棒狀的羽毛相撞擊，發出尖銳短促的聲音。達爾文遠在 1871 年所提出的推論，終於在 129 年後被最新的科技研究方法確認了。

鳥類歌聲的特色

達爾文的「天擇論」裡提到，群體間若經歷長久的地理隔絕，便會造成新種的形成，這就是所謂的「種化 (speciation)」。任職於美國加州自然科學院的路易斯·巴披斯達 (Luis Felipe Baptista)，在舊金山灣區研究三個地區的白冠雀 (*Zonotrichia leucophrys*) 所唱的歌。透過分析聲波圖發現，這三個地區的鳥所唱的歌彼此之間差異顯著。他認為，各個族群因為地理的隔絕，使得所唱的歌已經成為方言了。接著，他進一步試著將三個族群的鳥進行不同地區間的配對，但因為所唱的歌已方言化了，使得不同族群的鳥之間已經無法溝通，導致彼此不會有求偶和交配等生殖行為的發生。由上述這個實例可以瞭解到，歌聲在鳥類兩性間的溝通上所具有的重要性。

在 2021 年發表的一篇論文中，研究者們報告在以灰頭文鳥 (*Taeniopygia guttata*) 作為材料的實驗中，發現每隻文鳥其實都有各自獨特的叫聲。透過「心理聲學 (psychoacoustics)」的行為研究，發現到這些文鳥之間最多可以辨識出 42 隻同伴的聲音。過去我們總是認為只有人類才有這種依靠個體聲音差異來分辨同儕的能力，但這項新發現打破迷思告訴我們：鳥類其實是有很好的學習能力的。

♫

哺乳類發出的聲音

蝙蝠的超音波

遠在 1793 年時，於義大利北方的帕比亞大學 (University of

Pavia) 任教的拉查羅‧斯潘拉桑尼 (Lazzaro Spallanzani) 教授注意到，夜晚出來獵食的蝙蝠在只有微光的街頭油燈下，仍然可以很成功地獵食在燈前飛舞的昆蟲。這讓他十分好奇，究竟蝙蝠是如何在光度很差的環境下，辨識出昆蟲在三度空間的位置呢？在學生們的協助下，他們借用了在附近的教堂（現在已經是帕比亞大學的校區之一），從約四層樓高的天花板往下懸掛許多長達地面的大布條，然後將牆上的窗戶遮閉。接著，師生們將蝙蝠釋放出來，並觀察牠們在這個幾乎無光的環境下飛翔。出乎意料的是，所有的蝙蝠都不會撞上懸掛的布條。於是斯潘拉桑尼就發表了論文，報告了這項他無法解釋的蝙蝠在黑暗中飛翔的行為。五年後，瑞士的一位研究者路易斯‧傑林 (Luis Jurine) 又重複了斯潘拉桑尼的實驗。但當時他還另外進行了一項實驗，就是在蝙蝠的耳朵內塞入棉花球，結果蝙蝠竟然就無法順利躲避布條了。隨後，他雖然發表了論文來描述觀察到的現象，但卻無法解釋為何蝙蝠耳朵被棉花塞住後就會撞上布條。他的推測是，蝙蝠躲避障礙的能力應該是由與聽覺有關的功能在運作，這樣才會使得蝙蝠在無光的環境依然不會撞上布條，但是他沒有答案。而這個謎團就這樣被塵封了兩個多世紀之久。

　　1944 年，任教於康奈爾大學的唐勞‧格瑞芬 (Donald R. Griffin) 教授在無意中讀到前述的兩篇論文後，就決定一探究竟。他在全暗的實驗室內往空中拋送蠟蟲，並同時用頻閃（高速）攝影機和麥克風記錄蝙蝠的行為表現。在後續的分析中發現，蝙蝠在飛翔

時會發出超音波聲音 (ultrasound)❶，並且藉由超聲波反射的回波，就能使蝙蝠知道牠與獵物和周遭環境的相對位置，他將這個現象取名為「回音定位 (echolocation)」。

　　接著，他繼續研究在暗室中蝙蝠是如何定位飛行中的蛾的。他發現，蝙蝠在尋找獵物時可區分為四個階段：第一階段是「尋找期 (search)」，這個時候的牠們並沒有特定的追蹤方向，然而一旦回波顯示有蛾的存在，便會進入第二階段——「靠近期 (approach)」。此時，牠們開始主動利用回波的訊號縮短與獵物的相對距離。接著進入到後續的第三階段——「追蹤期 (track)」，這時候發出超音波的速率會開始加快，以便能快速地得到回波來藉以持續定位。當蝙蝠能以回波鎖定蛾的飛翔路徑時，就會進入「結束期 (terminal)」。在此階段，蝙蝠會很密集地送出超音波以精確定位蛾所在的位置，並在鎖定後加以攻擊捕食。

綠色猴的叫聲

　　任教於美國賓州大學的桃樂絲・錢尼 (Dorothy Cheney) 和羅勃・西法斯 (Robert Seyfarth) 夫妻，在非洲東南地區研究野外綠色猴 (*Chlorocebus pygerythrus*) 的群社行為長達三十多年。他們發現這些猴子有三種主要的天敵——非洲豹 (*Panthera pardus pardus*)、猛鵰 (*Polemaetus bellicosus*) 和蟒蛇 (*Python sebae*)。當牠們群聚在一起時，便會派遣幾隻站哨的衛兵，隨時注意可能出現的天敵。

---

❶ 聲音頻率超過一般人能聽到的 20,000 赫茲以上時，就被定義為超音波。

　　當非洲豹出現時，衛兵會發出連續短促的警告叫聲（請掃描 QR code 聆聽）。此時，在地上活動的猴群會立刻爬到鄰近的樹梢頂端避敵。儘管非洲豹也會爬樹，但因為自身體重較重的關係，是不敢爬到樹梢頂端去追捕綠色猴的。

♪非洲豹警告聲

　　另一種會獵殺綠色猴的天敵是來自天空的猛鵰。當衛兵發現這種天敵時，便會發出單一而重複的叫聲來警告猴群（請掃描 QR code 聆聽）。接著，猴群便會躲到帶刺的地面灌木叢裡面。此時若是與遇到非洲豹一樣爬到樹梢，反而是會更容易被猛鵰抓走的。

♪猛鵰警告聲

　　最後一種主要天敵是來自地面的蟒蛇。當值班的衛兵看到蟒蛇時，便會發出長、短連貫的聲音（請掃描 QR code 聆聽）來持續警告同伴。這時猴群便會站起來注意蟒蛇的動向並遠離牠，甚至還會拿起地上的物體砸向行動中的蟒蛇。

♪蟒蛇警告聲

　　綠色猴的衛兵會在不同的天敵出現時，發出不同的警告聲音，使猴群們能夠採取相對應的避敵策略。這是靈長類動物中，除了人類外，能對不同物種的動物用特定聲音給予標識的例子。而這也讓我們瞭解到，綠色猴其實具有很好的認知能力。研究語言是如何發展的學者們認為，我們人類語言的發展應該也是走過相同的途徑——先有單字的形成，才有後續句型的形成和語意的表達。

河馬的聲音

任教於美國麻州弗雷明翰州立學院 (Framingham State College) 的威廉・巴克羅 (William Barklow)，於 1990 年代在非洲坦桑尼亞努哈國家公園的努哈河流域研究鳥類生態習性。從他所在河岸的高地上，他注意到在河道中泡水的河馬群會突然有騷動。此時，小河馬們會被集中到群體的中央，而外圍則由成體的河馬保護著。在重複觀察到這種行為後，他注意到在這種騷動發生之前，河域的上、下游剛好都有鱷魚活動的跡象。再進一步地觀察後，他發現在河馬群的上、下游邊緣區域，都有河馬在擔任警衛的任務。當發現有鱷魚靠近時，牠們便會將頭部沒到水下，隨後在水面就會冒出氣泡。接著，群體中的成體河馬們會將頭舉出水面環視周遭，然後將小河馬趕到群體中央，形成保護圈。

巴克羅教授在河馬群棲息的水域中放置了水下麥克風，結果發現擔任警衛的河馬在看到鱷魚後進行的 「將頭潛入水中」 這個動作，其實是在水下發出聲音。至於水面上所看到的泡泡，則是因為發聲時的吹氣動作所導致。也就是說，負責警衛的河馬在看到鱷魚靠近時，便會將頭放到水中發出警告的叫聲，讓群體採取保護小河馬的動作。聲音在水下的傳播速度比在空氣中快，因此透過水下傳播警告聲音是很好的策略。為了確認警衛河馬所發出的水下聲音的確有警告作用，於是巴克羅教授便在確知沒有鱷魚的河段，將錄到的警告聲在水下「回播 (playback)」，結果觀察到成體河馬們仍會馬上採取保護幼河馬的動作，如此一來也就證明該聲音的警告作用。

　　但令巴克羅教授困惑的是：河馬泡在水下的耳朵，其實是不容易聽到水下聲音的 。 因為大部分陸棲動物外耳道與中耳接觸的鼓膜，均是演化成與空氣中的聲波產生共振來傳導訊號，而水中的聲音是無法對鼓膜產生共振的。從學理上來說，河馬聽到水中聲音的方式就只剩下一個可能性 ， 就是透過頭部的 「經骨傳導 (bone conduction)」 機制，將聲音傳到內耳。但透過研究已經知道，人類在水下透過「經骨傳導」來聽水下聲音時，靈敏度會下降 20～40 分貝。也就是說，河馬若只是單純用「經骨傳導」的方式去聽衛兵所發出的聲音，應該是不會很靈敏的。

　　在思考這個問題時，巴克羅教授想起：依據哺乳類動物種系演化圖上顯示，鯨豚與河馬大約在五千四百萬年前起源自同一祖先，而後再各自獨立演化（圖 5–5）。研究者們也知道，鯨豚類為了要能夠聽到水下的聲音，已經演化出了在中空的下顎骨中充滿脂肪組織，並且使下顎骨的尾端貼合在內耳旁邊。這樣的結構就能使鯨豚可以用下顎接收聲音，再將訊號直接傳送到內耳，減少「經骨傳導」的失真問題。有鑑於河馬與鯨豚在演化上的關係，於是巴克羅教授提出了一個假說，認為河馬可能仍保有類似於鯨豚的中空下顎，並使用著相同的傳導水下聲音機制。

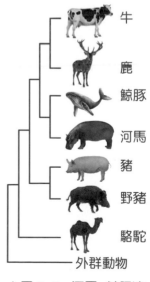

♪ 圖 5–5　河馬、鯨豚演化關係圖

　　巴克羅教授經過打聽後 ， 得知距離他所任教的學校西方約 1,200 公里處的俄亥俄州托利多動物園內 ， 有著全世界最大的圈養河馬群，而且剛好當時有一頭河馬已年紀衰老、接近死亡，於是他徵得了動物園方的同意，在那頭河馬死亡後，將牠的頭顱鋸下，送往醫院對河馬頭部進行電腦斷層掃描。而掃描結果確實證明河馬的下顎是中空的，且中空的內部充滿脂肪組織。這項發現證實了河馬跟鯨豚一樣，仍保有原始的共同構造，能夠透過下顎將水下聲音傳達到內耳內，如此一來便能夠清楚收聽到衛兵河馬傳來的警告聲。

　　比較解剖學的研究者有句銘言：「若它有效，就不要更改。(If it works then don't fix it.)」意思是說，在演化的長久歷史上，若是某個構造的功能極佳，那麼在演化途徑上，這個構造就會被後續演化出的生物繼續使用，不會有什麼更改。像是脊椎動物的眼球構造，從魚類開始到最晚演化出來的哺乳類幾乎都沒什麼大變化，就是最好的例子。而這裡提到的鯨豚和河馬特化的水下傳達音訊方式，也是個很好的實例。

座頭鯨的歌唱和聲音的協調

　　美國康奈爾大學的羅傑・培因 (Roger Payne) 教授，於 1966 年在百慕達渡假時，有一位曾經參與監聽蘇聯潛艇活動的美國海軍軍官給他聽了一卷錄音帶，裡面記錄著一種未知的水下動物唱歌的聲音。培因教授感到很好奇，究竟那是什麼動物所發出的聲音呢？為

了找出答案，他便開始駕駛著自己的遊艇出海，想要一探究竟。於是，他放棄了原先正在進行的貓頭鷹用聽覺定位獵物的行為研究，改為記錄和研究水下聲學。在野外工作中，他不僅確認了那位海軍軍官所錄到的歌聲是由座頭鯨所發出的，還錄到了座頭鯨在求偶時所發出的相當複雜的歌聲。將這些聲音進行後續的研究分析後，培因教授發現到，儘管不同海域的座頭鯨族群在各自的歌聲組合上有著些許獨特性，但整體上，不同族群間仍保有很多共同的組合，而這些歌聲便是座頭鯨在進行長距離洄游時，保持個體間相互連絡的方法。

　　培因教授在累積了四年的聲音檔後，於 1970 年發行了一張名為 「座頭鯨之歌 (Songs of the Humpback Whale)」 的黑膠唱片 （圖 5-6，請掃描 QR code 聆聽），結果該唱片在短短的時間內，在全世界賣出了超過十萬張以上，引起了世人的關切。

♪ 座頭鯨之歌

這張唱片也促成了後續的全球反對捕獵座頭鯨活動，使得座頭鯨族群得以倖存到今天。

　　座頭鯨屬於鬚鯨的一種，並不是依靠發出超音波來定位獵物，而是依賴大口吞噬魚群，再靠口上的鯨鬚形成濾網，將海水濾出並留住魚體。不過牠們雖然體型大、但游速慢，是追不上群體游泳速度較快的鯖魚或鯡魚群的，那牠們要如何才能捕食到獵物呢？

♪ 圖 5–6　座頭鯨之歌唱片封面

♪ 座頭鯨攝食
影片

　　從 1990 年起，研究者們便使用直昇機拍攝到座頭鯨們很獨特的圍捕獵物過程。 當牠們偵測到魚群的位置後，「領頭個體 (ring leader)」便會圍著魚群游動，並同時從頭背部的呼吸孔噴出氣泡，形成一座圓形的 「氣泡幕 (bubble curtain)」，將魚群困在裡面不敢逃出。接著，另一頭稱為「呼叫者 (caller)」的個體則會發出音壓高達 180 分貝的尖叫聲來驚嚇魚體。 至於其他的個體則是扮演「驅牧者 (herders)」的角色，將魚群團團圍住。最後在呼叫者的訊號協調下，座頭鯨們在從水下向上游動時張開大嘴，將海水和魚群吸吞到口中，再透過鯨鬚的篩選，把水擠出、吞下獵物 （請掃描 QR code 觀看影片）。這項獨特的群體攝食行為顯示了座頭鯨具有很發達的認知能力，可以透過發出的聲音訊號協調群體的獵食行為。

最近，得利於無人機的盛行，研究者們得以對於大面積的海域進行研究。有新的研究結果發現，座頭鯨中仍是具有進行單獨捕獵的個體存在，並不是所有的族群都有靠聲音協調群體獵食的行為。至於為什麼會有這種差別呢？這便是未來值得研究的好題目了。

結　語

研究者們在過去的四個多世紀期間，逐步地瞭解到脊椎動物主要是依靠視覺、聽覺、側線覺（僅限於魚類和未變態前的兩棲類幼體）、嗅覺、味覺和電覺（只限於軟骨魚類、少數的硬骨魚類，如：鯰魚、弱電魚、電鰻、瞻星科魚類，和哺乳類中的鴨嘴獸、星鼻鼴）來感知環境中的訊號。聲音的訊號因為傳播速度快、不易被阻擋、具有方向性，而且不會受光環境的影響，所以被許多脊椎動物當作傳達訊息所使用的工具。即使是不發出聲音的個體，例如大多數的魚類，也都因為具有聽覺能力，而能夠感覺和解讀聲音的訊號。在聲音訊號的解讀方面，目前研究者們仍然不知道，動物們是由腦區內的哪一部分、以什麼樣的機制來解讀同種或異種間的聲音訊號，或是比較求偶叫聲的差異作為擇偶時的參考。這些問題都是新一代的研究者們可以著力的研究題目。

chapter **6**

用聲音看海洋

講者｜臺灣大學海洋研究所教授　黃千芬

♫

前　言

　　地球是宇宙中相當獨特的一顆星球，它的表面積有 70.8% 被水所覆蓋，因此若要名符其實，則應稱之為「水球」。地球因為有水而孕育出豐富且多樣的生命，是截至目前為止科學家可以尋覓到有大量水域環境的唯一星球 。 地球最外層是由數十個板塊組成的地殼，包括以花崗岩為主要成分的陸地板塊，以及以玄武岩為主的海洋板塊。從地殼以上若以統合圈作分區，可分成氣圈 (atmosphere)、陸圈 (continental sphere) 及水圈 (hydrosphere)，而其中的水圈又以廣闊的深海為主（圖 6–1）。

地球是水球

- 陸地面積1.49億平方公里，占地球面積29.2%
- 海洋面積3.61億平方公里，占地球面積70.8%

♪ 圖 6–1　地球是一個水球

　　海洋的平均深度約 4,000 公尺，人類對於海洋的瞭解大都僅止於表面數十至數百公尺，而對占 99% 以上的深海仍然十分陌生。以空間的觀點來看，海洋的內部就好比是遙遠的外太空 (outer space) 或深太空 (deep space)，因此常被稱為內太空 (inner space)，深藏著很多不為人知的奧祕。

　　隨著電腦與資訊科技及遙測技術的快速發展，人類對於氣圈及陸圈表面已有充分的瞭解，對於地球表面的活動可說是一覽無遺也無所遁形。儘管在國防上帶來相當大的挑戰，但當然也帶來許多的方便。如衛星定位在汽車導航上的應用已成為人們的習慣，而結合 5G 及 AI 科技的自動駕駛也即將實現。在這兩個例子之中都有一個最關鍵的共通技術——通訊。可惜的是，這些在大氣中可應用自如的發明一到水中就無用武之地了，頂多只能在海洋很淺的表層上應用而已，對於廣大浩瀚的內太空探索根本無能為力。本文的目的即在於探討如何探索內太空，而關鍵的技術即在於聲音的應用。

♫
為何在海洋中要使用聲音

　　為何在海洋中要使用聲音？最主要的原因是因為電磁波（含光）在水中很容易被水吸收，而相較之下，聲波在水中的衰減率遠小於電磁波。光 (light) 在海水中以藍光最具穿透力，在清澈的海水中最大可達 275 公尺深度（圖 6–2）。然而，廣大的內太空遠超過這個深度與範圍，更重要的是，若再因水中具有高濃度懸浮物質的混

濁水域，則伸手不見五指。因此，進行大範圍通訊、探測及測繪的任務，如遠距離通訊、水下搜尋探測、海底地形測量等，均無法使用電磁波或光。而聲波就是因為在水中衰減率小，尤其對低頻聲波而言，海水就像是透明體，可以傳播相當遠的距離，因此在大氣中由電磁波達成的任務，在水中就能改由聲波來替代。不過，這並不表示電磁波或光在水中毫無用處，相反的，在進行水下物體辨認時還是會利用載具，如水下遙控潛器 (Remotely-Operated Vehicle, ROV)（圖 6-3），將光源帶到可以攝影的距離來進行拍照，以達到「眼見為憑」的目的。只是這僅是在小區域的應用，並無法大範圍地搜索。

　　聲學 (Acoustics) 是一門既古老又新穎的學問，主要在於研究聲波 (acoustic wave) 的傳播原理與應用。聲波是藉由介質的彈性 (elasticity) 來產生波動，以達到傳遞動能的一種現象，任何具有彈性的介質都可以傳遞聲波。簡單來說，聲波就是一種振動 (vibration)，而在不同介質中都有不同的傳播速度，我們稱之為聲速 (sound speed)，這是一個很重要的聲學參數❶。依熱動力學的原理，聲速是物質的基本性質，會隨著溫度、壓力而變化。例如在常壓、

❶ 描述聲波基本性質的參數包括：振幅 (amplitude, A)、波長 (wave length, L)、週期 (period, T)，或波數 (wavenumber, $k = 2\pi/L$)、頻率（frequency, $f = 1/T$；另，$\omega = 2\pi/T = 2\pi f$ 稱為角頻率）。每秒振動一次稱為 1 赫茲 (Hz)，頻率介於 20～20,000 赫茲為人耳聽覺可察覺範圍，稱為聲音 (sound)。另外，波長除以週期即是聲波傳播的速度 ($c = L/T = \omega/k$)，稱為聲速。

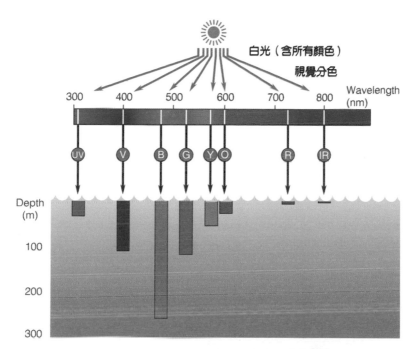

♪ 圖 6-2　不同顏色的光在海水穿透深度

♪ 圖 6-3　用於水下攝影的水下遙控潛器

20 °C 下，聲波在空氣中傳播的速度約為 343 m/s，而在 13 °C 水中約為 1,500 m/s；另外，在海洋地殼中約為 5,250 m/s，而在陸地地殼約為 3,800 m/s，這些都可以藉由熱動力學的原理經由實驗求得。

　　事實上，人類對於水中聲音的好奇可追溯到 1827 年，當時瑞士物理學家柯拉頓 (Jean-Daniel Colladon) 和法國數學家史特母 (Jacques C. F. Sturm) 合作，在日內瓦湖以簡單的實驗設計進行聲速量測實驗。他們的量測方式是：準備兩艘船，其中一艘攜帶有鐘與燈光、另一艘則裝有收音設備。將兩艘船隻間隔開固定的距離後，把鐘放置於水下並敲響，而在敲響的同時也將燈光打亮。此時，位於另一艘船的操作者在看到閃光後立即開始計時，並在聽到聲音之後停止計時。最後將兩船隻的距離除以時間差，即可估算出聲速（圖 6–4）。而實驗測得的聲速值為 1,435 m/s，與現代的測量值十分接近。1912 年，因為鐵達尼號 (RMS Titanic) 沉沒，理查森 (Lewis F. Richardson) 向英國提出了回音測距 (echo ranging) 的設計專利。雖然如此，水中聲學 (Underwater Sound/Acoustics) 成為一門學科也是相當近代的事，主要是源自於第一、二次大戰期間水下戰事的需求。而一直到冷戰期間，水中聲學的研究才進入白熱化，成為一門成熟的學問。冷戰結束後，在第二次大戰期間所研發的技術轉向民間的應用，更促進了水中聲學的快速發展。

　　1980 年代後期，海洋聲學 (Ocean Acoustics) 成為一個研究領域，主要是研究聲波在水下環境中傳播的特性，以及如何受到環境

♪ 圖 6-4   柯拉頓與史特丹所做的聲速量測實驗示意圖

因素的影響，內容包括：水聲傳播原理、水下環境噪音特性 (Underwater Ambient Noise)、水中聲波與海床震波 (Seismic Waves) 的互制等，這些可以藉由理論分析、實驗、數值模擬來處理。1990 年代，由於水聲技術成熟的應用在海洋學 (Oceanography)，水聲海 洋學 (Acoustical Oceanography) 乃成為海洋學的一個分支，可泛指 研究影響聲波傳播的海洋因子（如聲速分布、影響聲能吸收的化合 物、海底地形與底質性質、海面與海床的散射等），以及利用聲波 瞭解海洋性質（包括物理、生物、地質）與探測海洋（如水聲層析 (Ocean Acoustic Tomography)、地聲反算 (Geoacoustic Inversion)、生 物聲學 (Bio-Acoustics) 等）（圖 6–5）。

2004年蘇門答臘大地震
的T相波聲學觀測

移動載具聲層析測繪海流

臺灣周圍海域大尺度地形測繪

被動式聲學追蹤鯨豚

聲學遙測深海熱泉

被動式聲學遙測海上氣候

海洋氣候聲學測溫計畫 (ATOC)

第一次世界大戰被擊落的
潛艇殘骸聲學影像

來自槍蝦的
水下環境噪音

♪ 圖 6–5　水聲海洋學的研究範疇

如何用聲音看海洋

　　相對於大氣中利用雷達 (RAdio Detection And Ranging, RADAR) 作為探測的儀器，在海洋中使用聲音作為航行與測距的設計稱為聲納 (SOund Navigation And Ranging, SONAR)。聲納通常依不同目的而設計，例如：為掃描海底地貌並可作為物體搜尋而設計的側掃聲納 (Side-Scan Sonar, SSS)、為測繪海底地形而設計的多音束測深儀 (Multi-Beam Echo Sounder, MBES)、為探測淺層底質結構而設計的地層剖面儀 (Sub-Bottom Profiler, SBP)、為量測海流垂直剖面分布而設計的都卜勒海流儀 (Acoustic Doppler Current Profiler, ADCP) 等 （圖 6–6），都是現今水下探測普遍使用的科學儀器。圖 6–7 乃是利用以上聲學探測儀器進行水下考古所獲得的聲學影像。

都卜勒海流儀—
海流流速與方向隨水深變化之剖面量測

側掃聲納—
海底地貌的掃描、海床地物的搜尋

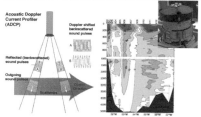

多音束測深儀—海底地形測繪

地層剖面儀—海底地層組織結構描繪
、海底掩埋物探測

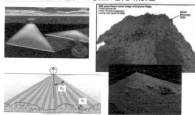

♪ 圖 6-6　聲納在海洋研究的應用

美國客貨船 亞可普里坦號
(SS Alcoa Puritan)
沉船時間：1942.5.6
沉船地點：墨西哥灣
沉船水深：1,965 m

♪ 圖 6-7　利用聲學探測儀器進行水下考古所獲得的聲學影像

　　聲納在軍事上的應用可分成主動聲納 (Active Sonar) 與被動聲納 (Passive Sonar) (圖 6-8)；前者利用聲源主動發射聲音進行探測，而後者則是利用陣列接收敵方的聲紋進行偵蒐。聲納的應用主要是透過聲納方程式 (Sonar Equation) 達到探測並估算距離與目標辨識的目的。聲納方程式分成主動聲納方程式 (Active Sonar Equation) 與被動聲納方程式 (Passive Sonar Equation)，是由三個子系統組成，包括聲源與接收 (Source and Receiver) 系統、傳播系統 (Propagation)、目標物系統 (Target)。聲納方程式乃在於連結各子系統的物理量值之總值高於偵測門檻 (Detection Threshold)，以達到信雜比 (Signal to Noise Ratio, SNR) 高於偵測門檻而實現偵測的目標。

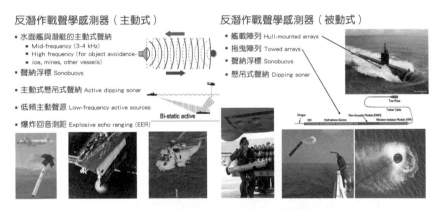

反潛作戰聲學感測器（主動式）

- 水面艦與潛艇的主動式聲納
  - Mid-frequency (3-4 kHz)
  - High frequency (for object avoidance-ice, mines, other vessels)
- 聲納浮標 Sonobuoys
- 主動式懸吊式聲納 Active dipping sonar
- 低頻主動聲源 Low-frequency active sources
- 爆炸回音測距 Explosive echo ranging (EER)

Bi-static active

反潛作戰聲學感測器（被動式）

- 艦載陣列 Hull-mounted arrays
- 拖曳陣列 Towed arrays
- 聲納浮標 Sonobuoys
- 懸吊式聲納 Dipping sonar

Tow Point

Tether Cable

Drogue　VIM　Hydrophone Section　Non-Acoustic Module (NAM)　Vibration Isolation Module (VIM)

♪ 圖 6-8　主動聲納與被動聲納

　　用聲音看海洋主要是藉由主、被動方式接收海洋環境因子與聲音相互作用後的回音，以分析海洋環境因子的內涵。茲以最典型的深海「聲發 (SOund Fixing And Ranging, SOFAR)」傳播為例，具體而微地說明水聲傳播與海洋環境的關係。由於聲波傳播過程中會因聲速的變化而產生折射 (refraction)，因此聲速在海洋環境中的分布主導了聲音在海洋中傳播的模式。在典型的深海環境中，由於海洋溫度、鹽度、壓力隨著深度的變化，導致聲速垂直分布如圖 6–9 中左圖所示；聲速垂直變化大體而言，從海面約每秒 1,520 公尺隨著深度因溫度下降而逐漸減小，在跨越溫躍層 (Thermocline) 後，約在1,200 公尺處達到最小值，約每秒 1,480 公尺，此深度稱為聲道軸 (sound channel axis) 深度。之後，聲速又隨著壓力增大而增加，到達 5,000 公尺海床時，聲速約為每秒 1,540 公尺。

　　圖 6–9 顯示了聲源位於水深 1,200 公尺處，各個方向所發射的聲波其聲線在水中傳播的情形。圖中顯示，掠擦角 (grazing angle) 小於 14.6° 以內的聲線，在傳播過程中都不會接觸到邊界，因此這些聲線的能量，除了海水本身對聲能的吸收以及幾何擴散損失外，將不會受到邊界的作用而消散。由於聲波與邊界作用是聲能消散的重要機制，只要能避免該機制發生，聲波便可以傳播到很遠的距離。這是深海波導中聲波傳播行為的特性，亦是聲波遠距離傳播之主要模式，稱為「聲發傳播」或「深海聲道 (Deep Sea Sound Channel)」。

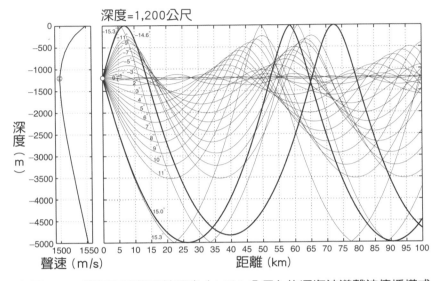

♪ 圖 6–9　聲源置於聲道軸深度（1,200 公尺）的深海波導聲波傳播模式

　　深海波導聲波的傳播模式會受聲源深度的影響。換言之，不同的聲源深度就有不同的傳播模式。圖 6–10 所示為，在與圖 6–9 相同的聲速垂直剖面分布下，但聲源深度改置於 300 公尺（接近表面）的結果，這種情境類似水面船艦進行偵測的情形。值得注意的是，當聲波向海表面或海底經折射傳播再回到海表面時，會在海面產生聲線的匯集區域，稱為匯音區 (convergence zone)，也就是聲能匯集的區域。以此圖為例，第一個匯音區大約在與聲源水平距離 60 公里處產生，而匯音範圍大約為 6 公里；第二個匯音區約在 120 公里處，範圍約為 12 公里。惟第二個以後的匯音區則因幾何擴散作用，聲波能量會大幅減弱。

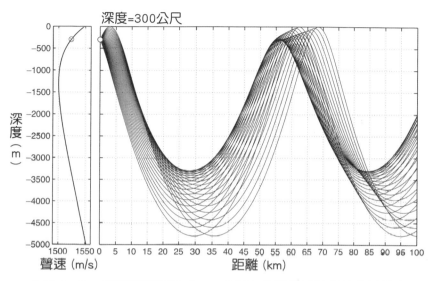

♪ 圖 6-10　聲源接近海面（300 公尺）的深海波導聲波傳播模式

　　從以上的例子可以看出，海洋環境因子，尤其是聲速分布，對於聲音在海洋中傳播會產生重大的影響，這些聲波傳播的模式在軍事應用上具有相當重要的意義。圖 6-11 呈現了另一種稱為「反聲道傳播 (anti-channel propagation)」的傳播模式。若聲速分布呈現隨水深增加後再減小❷，如左圖，則位於水面的艦艇在進行水下潛艦偵測時，因折射的關係會造成聲線無法「照射」的區域，稱為陰影區 (shadow zone)，此時位於陰影區內的潛艦就難以被水面艦偵測到。

---

❷ 通常會在海面因夜間輻射冷卻後的清晨發生。

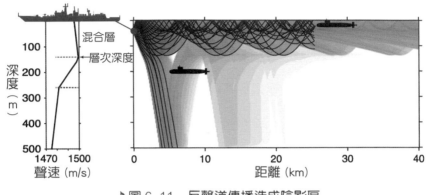

♪ 圖 6-11　反聲道傳播造成陰影區

　　除了因聲速分布而造成的折射傳播相關問題外，聲音在海洋中
還有諸多複雜的干擾因素，包括：海面與海床的反射與粗糙面散
射、水體不均勻物質所造成的體散射、天然與人為的背景噪音、主
動聲納的混響問題等，使得水中聲學在理論及應用上成為一個具有
相當挑戰性的課題，因此，科學家們仍不斷地在找尋聲波以外的水
下探測技術。但截至目前為止，遠距離及大範圍的水下探測仍然以
聲學為主、光學為輔。

♫ 聲音在海洋中看到什麼

天然或人為的運動或動力現象

　　由於海面、海床及海洋內部水體受到任何的擾動都可藉由聲音
／波傳播，因此可以說海洋環境中所有天然或人為的運動或動力現
象，都可以藉由聲音去感受到。海洋環境中的各種活動包括：海面

上的降雨、船隻、風吹、表面流等；海床上的火山、熱噴泉、地震、海底流、海底工程等；水體中的生物、內波、海流、熱噪音等。這些運動所造成的擾動使得海洋成為一個吵雜的環境。因此，內太空是一個高壓、強腐蝕、黑暗、吵雜的環境，也許這也是遲滯人類探索內太空的原因。然而，藉由海洋觀測聲學的發展，海洋中的各種現象及科學議題也逐漸地被揭露出來。

海底地形與地質結構

　　人類在海洋的活動從航行開始，接著就是對海洋內部環境的探測了，而聲納就因此孕育而生。首先，人們最想看到的就是海底地形的特徵以及地球內部的構造。雖然科學家對於海底地殼構造與運動的理論始於十九世紀，但一直到第二次世界大戰後，利用強力聲波探測到海洋的中洋脊以及地球內部的軟流圈，整個板塊構造學說終於在 1965 年才得到印證並完善建構。現今利用單音束測深儀、多音束海底地形測繪系統、底拖聲納等進行水下地形及地質探測，已是用聲音看海洋最普遍且重要的應用之一。

水中、海床上或海床下物體

　　在水中探測物體是聲納最主要的應用之一。如先前提及，1912年，在鐵達尼號碰到冰山而沉沒的隔月，理查森向英國提出回音測距設計之專利，不過並沒有完成他的計畫。1916 年，法籍俄人工程師奇洛夫斯基 (Constantin Chilowsky) 與物理學家朗之萬 (Paul Langevin) 共同研究出電容式發射器 (condenser projector)，成功地收

到來自海底的反射訊號，以及距離 200 公尺的鐵板的回音。之後，藉由當時新發明的真空管放大器，於 1918 年首次成功地接收到距離 1,500 公尺的潛水艇回訊。如今，使用側掃聲納、多音束測深儀、地層剖面儀，並配合海洋磁力儀 (Marine Magnetometer, MAG) 來搜尋包括海床上及掩埋於海床下等的水下物體，已經成為標準作業程序。臺灣西部海域發展離岸風場，依據《水下文化資產保存法》，就是要藉由以上這些儀器進行疑似目標物的搜尋。而一旦確認具有水下文化資產價值後，就要加以保護。圖 6–12 即是在澎湖海域進行水下搜尋時所獲得的各類物體的影像，顯示用聲音在海洋進行大範圍的搜尋是有效的方式。

全球暖化深海增溫

　　全球暖化造成氣候變遷是當今地球永續發展相當重要的課題。自工業革命以來，由於大氣中二氧化碳的量急遽上升，過量的溫室氣體造成大氣及海洋的增溫，導致氣候型態劇烈地改變、海洋生態異常、水平面上升等嚴重的問題。這些現象雖然為一般人所認知，而且大氣中的增溫也是可被證實的，惟對於海洋整體增溫的量測是個相當困難的問題。雖然科學家可以利用自由漂流於海中的探溫儀（如 Argo 浮標）存取數據，分析表面海水溫度的變化，但對於海洋內部（如溫躍層以下）的溫度長時間變化，亦即海洋氣候 (ocean climate)，就很難進行大規模地直接量測。緣於聲波在水中傳播的速度與海水溫度有密切的關係（如 0 °C 的冷水，每升高 1 °C，聲速提

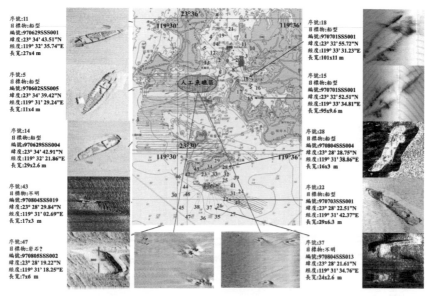

序號:11
目標物:船型
編號:970629SSS001
緯度:23° 34' 43.51"N
經度:119° 32' 35.74"E
長寬:27x4 m

序號:5
目標物:船型
編號:970602SSS005
緯度:23° 34' 39.42"N
經度:119° 31' 29.24"E
長寬:11x4 m

序號:14
目標物:船型
編號:970629SSS004
緯度:23° 34' 42.91"N
經度:119° 32' 21.86"E
長寬:29x2.6 m

序號:43
目標物:不明
編號:970804SSS019
緯度:23° 28' 29.84"N
經度:119° 31' 02.69"E
長寬:17x3 m

序號:47
目標物:岩石?
編號:970805SSS002
緯度:23° 28' 19.22"N
經度:119° 31' 18.25"E
長寬:7x6 m

序號:18
目標物:船型
編號:970701SSS001
緯度:23° 32' 55.72"N
經度:119° 33' 31.23"E
長寬:101x11 m

序號:15
目標物:船型
編號:970701SSS001
緯度:23° 32' 52.51"N
經度:119° 33' 34.81"E
長寬:95x9.6 m

序號:28
目標物:船型
編號:970804SSS004
緯度:23° 28' 28.75"N
經度:119° 31' 38.86"E
長寬:16x3 m

序號:22
目標物:船型
編號:970703SSS001
緯度:23° 28' 22.51"N
經度:119° 31' 42.37"E
長寬:29x6.3 m

序號:37
目標物:不明
編號:970804SSS013
緯度:23° 28' 21.61"N
經度:119° 31' 34.76"E
長寬:24x2.6 m

♪ 圖 6-12　澎湖海域利用側掃聲納搜尋所獲得海床物體的影像

升每秒 4.6 公尺），利用聲音傳播時間來反推算深海海水溫度的變化乃形成了構想。

　　1990 年代，由全球十一個機構所組成的「海洋氣候聲學測溫計畫 (Acoustic Thermometry of Ocean Climate, ATOC)」展開了利用聲波測量海水溫度變化的計畫，其基本概念是：如果深海環境因全球暖化而有增溫，則聲波在深海聲道中的傳播走時 (travel time) 勢必會因速度增加而有細微的減少，那麼藉由走時減少的多寡即可反推算出深海環境溫度的增加。這是一個難度相當高的問題，因為就以水聲層析技術（見後段說明）可達 1 ms（微秒）的精確度而言，以聲道軸每年溫度估算增加 0.005 °C 來說，則聲音需要傳播達 10 Mm

　　（Mega meter；千公里）以上才會造成 0.1 秒的減少；換言之，要在深水聲道中發射並接收到傳播達數千公里的聲波，才有可能估算到如此微少的走時變化。

　　1991 年 1 月，在 ATOC 計畫中的一項稱為「赫德島可行性測試 (The Heard Island Feasibility Test, HIFT)」的實驗在位於南印度洋的澳屬赫德島展開，作為整個 ATOC 計畫的先導計畫（圖 6–13）。本次實驗的目的在於，測試是否有可能在海洋中發射並接收到幾乎跨越全球尺度的超長距離聲波傳播。實驗結果證實，將 57 赫茲的低頻陣列聲源置放於位在赫德島附近水深 175 公尺的聲道軸，並發射強度 220 dB ref 1 μPa 的聲波，則該聲波可傳達 18,000 公里之遠，證實了 ATOC 構想的可行性。

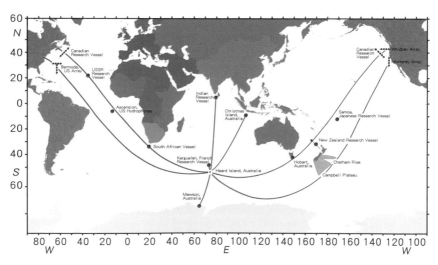

♪ 圖 6–13　赫德島可行性測試的發射點及 16 處接收站

水中生物

在水中有很多動物會發出聲音，其目的可能是為了回音定位、溝通、求偶等，這些聲音可以用被動的聲納錄下再加以詮釋。最為人所感興趣的是鯨豚、座頭鯨、藍鯨等所發出的聲音，如座頭鯨常發出可預測與重複的聲音模式，就好像在唱歌，因此稱為鯨歌或鯨詠，海洋生物學家描述，它們可能是動物王國中最複雜的歌聲。由於雄性座頭鯨只有在交配季節會發出這種聲音，因此推測牠們的歌聲是為了求偶。此外，海獅、海豹等大型動物也都會發出聲音。

水中的魚、蝦其實也會發出聲音，是海洋環境噪音的一部分。例如石首魚、雙棘原始黃姑魚、花身鯻、槍蝦等，會聚集在一起「合唱」而產生很吵雜的聲音，可使 50～5,000 赫茲頻率範圍之環境噪聲強度提升至 20 dB ref 1 μPa 以上。另一方面，水中魚群的分布可藉由主動高頻魚探聲納偵測，而浮游動物群會有的日沉夜浮遷移現象，也可以藉由主動聲納觀測到。

用聲音看海洋全景：聲學日光成像

聲音為探索海洋提供了一種自然的方式，但目前的聲納系統（例如海底地形測繪的多音束測深儀）並不能直接提供海洋深度的影像。這類系統較類似於雷達，是依靠波傳播走時信息來繪製環境圖。在 1991 年中，海洋聲學家們開發了一種用於提供海洋內部實時視覺圖像的新聲學技術，並以海上實驗的結果為支持這一概念提供了證據。

　　聲學日光成像 (acoustic daylight imaging) 的過程是依賴來自環境噪聲的「聲學日光」作為照明源,其基本概念類似於大氣中的攝影,利用光線照射到物體。圖 6-14 顯示,在充滿噪聲的海洋環境中,水下物體散射了入射的噪聲,再經過散射後使聲音進入聲學透鏡聚焦,並在水聽器陣列上形成圖像。經過信號處理後,聲圖像在電腦顯示器上以圖形圖像呈現。代表物體「光」譜反射率特性的聲學「顏色」,可以在顯示器上以人工生成的光學顏色表示,而其快速的圖像疊代率可產生與傳統光學攝影機非常相似的動態圖像。

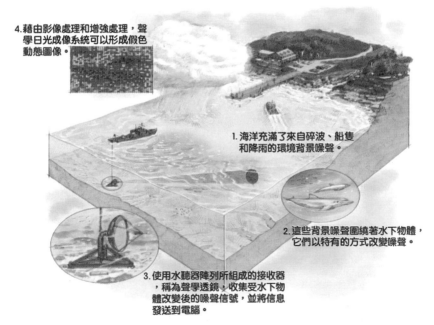

4. 藉由影像處理和增強處理,聲學日光成像系統可以形成假色動態圖像。

1. 海洋充滿了來自碎波、船隻和降雨的環境背景噪聲。

2. 這些背景噪聲圍繞著水下物體,它們以特有的方式改變噪聲。

3. 使用水聽器陣列所組成的接收器,稱為聲學透鏡,收集受水下物體改變後的噪聲信號,並將信息發送到電腦。

♪ 圖 6-14　利用海洋環境背景噪聲進行聲學日光成像的示意圖

(©1996 Scientific American, Inc.)

♫
水下全球觀測網

　　為了實現無核武器世界以加強國家和國際安全，聯合國於 1996 年通過了《全面禁止核試驗條約》(Comprehensive Test Ban Treaty, CTBT)。為了核查條約遵守情況，國際監測系統 (The International Monitoring System, IMS) 利用聲音在海洋聲道軸有效的傳輸性質，以監測水下爆炸。由於聲音在海洋中可傳播很遠的距離，因此只需要少量的觀測站即可設計一個覆蓋世界主要海洋的全球監測網絡。

　　全球水聲網絡監測共布放了六個基於水聽器的測站，圖 6–15 的上圖中，白色方形符號表示的是測站的位置。每個單獨的水聲觀測站包括多個感測單元，因此每站都具有估測方向的能力。當與其他站點結合使用時，利用三角測量方法即可以獲得更好的定位能力。不同聲音來源所產生的水聲信號特徵，在識別產生信號事件的性質方面特別有效，這種功能在確定事件是否為爆炸時非常有價值。圖 6–15 的下圖為水聽器測站之示意圖，由三個水下麥克風陣列所組成。這些水聽器測站的主要特點如下：這些測站錨定在深海的海床上，而水聽器則懸浮在聲道軸深度收集聲波信號，並由一條長電纜（數十至數百公里）送回岸站，最後這些信號再從岸站通過衛星發送回位於維也納的 CTBT 總部。一般而言，這些岸站位處小島上，為了防止信號被島阻擋，因此都會在島兩側布署水聽器測站。這些水聽器測站適合對遠距低頻（1～100 赫茲）的爆炸進行監測。

　　全球水聲網絡系統自 2000 年以來持續在印度洋運行。 其最初
和主要目的是監測在海洋進行未經批准的核武器測試,但此系統之
科學價值已在諸多研究中得到證明,如海洋環境噪聲、海洋哺乳動
物行為、冰川／冰山噪音、海洋利用、地震、海嘯預警和深海搜救
等,都有該系統的參與。

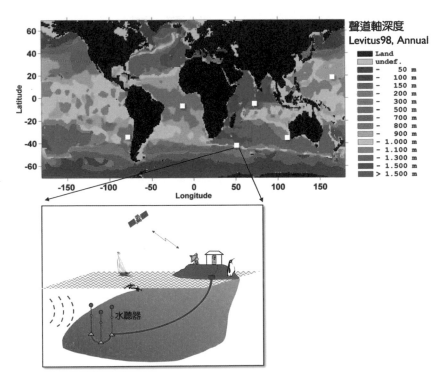

♪ 圖 6–15　《全面禁止核試驗條約》之水聲網絡國際監測系統

♫
現今水聲研究與應用的前沿議題

　　近代海洋科學家在研究中發現，幾近 99% 洋流中的動能皆伴隨直徑尺度約為百公里的水團單元，稱為中尺度渦流 (mesoscale eddies)。此項發現在海洋動力學上帶來了極大的震撼，然而卻面臨了直接量測以證實此項發現的困難。會有這項困難的原因乃在於，這些中尺度水團不僅在空間上很密集，而且存在的時間亦長久（約為百天），以至於想要獲得統計上有意義的量測，必須耗費相當大的財力與物力。由於聲音在海水中具有良好的穿透性質，因此啟發了科學家們以聲音傳播穿透水體，瞭解水團內部狀況的想法。此種做法類似於地震學上利用地震波探測地球內部狀況，以及醫學上利用 X 射線檢驗人體內部的機能，因此該領域也有了 Ocean Acoustic Tomography (OAT) 之稱，中文的譯名為「水聲層析學」。

　　水聲層析學主要是以精確方法量測聲音穿越水體兩固定點所需要的傳播走時，以及利用聲波在水體內傳播的性質，推算水團內部狀況的一種海洋觀測方法。其設計的主要原理有二：首先，聲音在水中穿越兩固定點所需的時間與水團的溫度、海流及其他海洋學相關因子有直接的關係，因此可以藉由彼此間的關係，利用逆推原理推算出水團內部的狀況；另外，低頻的聲波可以有效地貫穿海水，而且因為水中聲速遠快於研究船的航速，因此易於建立綜觀尺度 (synoptic scale) 的水域資訊。也因為如此，利用水聲層析原理遙

測海洋溫度或流速場已成為水聲海洋學的重要研究範疇之一。

　　1979 年，美國科學家芒克 (Walter Munk) 及溫希 (Carl Wunsch) 基於上述的構想，開啟了利用低頻（數百赫茲）聲波測量大尺度海洋性質的 OAT 研究。這是一種大範圍遙感探測海洋內部性質的方法，也自然地因平均化消除了小尺度（如內波、噪音）的干擾。1980 年代以後，很多大規模實驗於是展開，探討大洋渦流、流量傳輸、熱量輸運等問題。其中，在 1990 年代初期，更以水聲層析的方法進行全球暖化所造成海水溫度增溫可行性的大規模實驗。現今，OAT 已經是一個成熟的領域了。

　　有關利用水聲層析在淺海或近岸地區的研究相對較晚，在 1990 年代初期才開始發展。由於海洋環境的特性，在大洋中，聲波在深海聲道遠距離傳播具有一定的模式；而在淺海或近岸環境中，因受到海面及海床性質、波浪、流（潮流、地形流）、溫度等多變因素的影響，水聲傳播模式十分複雜，訊號處理精確度要求更高，也造成水聲層析應用的困難。惟在經過近三十餘年的發展，已獲致相當的成果，並逐漸形成一個領域——近岸聲層析 (Coastal Acoustic Tomography, CAT)。

　　以臺灣四周環海的天然環境來說，不同尺度的海洋動態因子包括：大尺度的黑潮洋流、中尺度的渦流、內波、至紊流等，在離岸數百浬內均可觀察到（圖 6–16）。由於影響沿岸海洋環境的外力或邊界條件更為複雜，海洋動力學研究過程不僅需考量包含更短的時間尺度和更小的空間尺度的現象，也需要較高頻率的時間取樣，才

能夠監測環境的時間變化。自 2009 年起，臺灣展開了一系列的水聲層析實驗。2009 年，藉由與日本廣島大學的合作，首先在臺東外海進行黑潮聲層析測流的實驗。接著，同年在基隆八尺門水道，藉由一對水聲層析儀進行二維水平流場與溫度分布的估算。2011 年 5 月，在高雄西子灣外海進行了水下網路、水下通訊及水聲層析實驗，藉由量測的時間走時，推算沿著聲線傳輸的平均聲速與流速。2015 年起，臺灣大學水聲海洋學實驗室著手研發水聲層析儀，並於 6 月進行海洋流速場空間分布的觀測，不僅利用固定於海床的層析儀間的聲線來遙測流速，並結合漁船拖曳層析儀的方式，提高在監測水域的聲線密度，實現淺海環境移動船聲層析的方法。2017 年起，在基隆望海巷海灣更結合了自主式水下載具 (AUV) 配載層析儀的方式，使水聲層析朝向以自主航行載具測繪海洋流場的方向邁進。

利用分散式水下聯網傳感系統
聲層析測繪海流分布
（2011，高雄西子灣）

移動載具聲層析測繪沿岸環流
（2017&2018，基隆望海巷）

移動船聲層析測繪淺海環境海流
（2015，高雄西子灣）

水聲層析法量測黑潮流剖面
（2009，黑潮實驗）

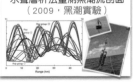

利用單對層析儀於港區內
監測溫度與流速
（2009，基隆八尺門）

♪ 圖 6–16　近年來臺灣在近岸聲層析學之發展

♫
未來展望

　　海洋占地球超過三分之二以上的表面積，會對於地球上萬物的生命、生態及氣候造成重大的影響。現今地球正面臨空前的浩劫，很多過去在電影中才會看到的情節已經活生生地在眼前上演。反常天氣、異常降雨或乾旱、森林大火、超級颱風等極端事件一再發生，加上 COVID-19 病毒肆虐，地球及人類正面臨空前挑戰。

　　聯合國教科文組織 (UNESCO) 於 2005～2014 年曾推動 「永續發展教育 (Education for Sustainable Development, ESD)」，希望世界各國重新設定教育的基本方向，促使人類社會朝向永續發展的方向邁進。在 2015 年 「全球永續發展目標 (Sustainable Development Goals, SDGs)」 公布之後 （圖 6–17），永續發展方法網路 (Sustainable Development Solutions Network, SDSN) 紐澳分部提出了將 SDGs 的操作手冊融入大學的指南，說明大學如何在研究、教育、治理、推廣等各面向協助 SDGs，而 SDGs 的架構也可以協助大學在學務、教務、總務等各個方面的發展。2020 年 9 月，SDSN 在疫情期間再度發行新的文件， 推廣在大學所推動的主體應為 ESDGs (ESD + SDGs) ， 而非僅是 SDGs。 他們強調， 大學應將 ESDGs 主流化，以適用於疫情之後的新常態 (new normal)；大學需要擴張現有的教學活動設定，超越原來一切如常的情境。

♪ 圖 6–17　十七項永續發展目標 (SDGs 17)

　　在 SDGs 十七項永續發展目標中，第十三項的氣候行動及第十四項的水下生命與海洋直接相關，但是根據歐洲對 SDGs 關注度的調查，第十四項的水下生命卻是敬陪末座，顯示人們在海洋生命及其延伸的海洋生態，對於地球永續發展的影響這方面並不瞭解。事實上，根據研究顯示，海洋暖化已經對海洋魚類造成嚴重的衝擊，而因暖化造成極地融冰導致深海溫鹽環流的遲滯，也會嚴重影響深海生命的生存。

　　聲音作為海洋大尺度觀測的唯一有效方式，不僅可以觀察海洋中尺度渦流的天氣變化以及內太空大尺度的氣候變遷，也能促進我們對水中生命的瞭解。如此一來，在實踐 SDGs 的行動上，必能做出具體的貢獻。

♫

結　語

　　本文是以全球視野的觀點來探索聲音在海洋的應用，而臺灣四面環海，可以管轄的海域範圍是陸地的 4.72 倍，為了全面性地推動海洋發展，政府也於 2018 年 4 月 28 日成立了海洋委員會。除了利用聲音對臺灣周遭海域的探索之外，力行在地行動的本土關懷來運用海洋與保護海洋，也是海洋聲學界所應善盡的責任。臺灣周遭海域環境多樣且多變，具有東深西淺、南縱北橫的特殊海底地形，而且還有西太平洋環流行經臺灣東部海域的黑潮，帶來了豐沛的漁業、深層海水、能源資源，提供給我們獲取生物、潔淨天然水、綠能的機會。上述這些應用都有賴於利用聲音對黑潮幾何、動力及溫度性質的瞭解。此外，黑潮連結了臺灣原住民族群與南太平洋島國的南島文化。臺灣海洋文化的形塑，可以說是源自於充分運用黑潮自然與文化資源，因此「黑潮」乃是成就「海洋臺灣」的關鍵。

看見聲音聽見光——
光與聲音在生物醫學的應用

講者｜臺灣大學電機系特聘教授　李百祺

合著者｜長庚大學醫學影像暨放射科學系助理教授
　　　　謝寶育

前　言

　　你知道光不僅可以用「看」的，其實也可以「聽」得到嗎？你知道聲音不僅可以用「聽」的，其實也可以「看」得到嗎？大家應該都看過閃電也聽過雷聲吧？但你有沒有好奇思索過打雷時光與聲之間的關係呢？高中物理曾經學過，光和聲是截然不同的兩種物理現象，但它們之間有什麼樣的交互關係呢？除了閃電以外，還有在哪些情形下，光與聲會有交互作用呢？我們又可以如何將這些有趣的現象應用在生物醫學領域中呢？

光聲現象的發現

　　在一百多年前的 1880 年，亞歷山大・貝爾 (Alexander Graham Bell) 博士就發表了一篇文章來說明如何用光來產生、重現聲音。貝爾博士出生於蘇格蘭的愛丁堡，是第一位成功發明出實用電話系統的人。他曾發明一個被稱為 photophone 的裝置（圖 7–1），其基本原理是利用光通訊的方式來進行長距離的聲音傳遞。但是那個年代不比現在，當時既沒有雷射也沒有好的光通訊技術，因此 photophone 是利用太陽光作為光源，並將光線聚集到發話者嘴邊的一面鏡子，再藉由聲音所產生的振動來調整鏡子，使得太陽光調變（也就是藉由聲音產生的振動來改變光線的特性）。而光線經由鏡

子反射後，會傳遞至另一處的接收端進行處理，將這些調變過的光線解碼回原來的聲音並播放出來，完成 photophone 光通訊傳遞聲音的工作。雖然這個裝置後來並未實際商業化，但在他進行長距離聲音傳輸研究時，也發現了光聲現象 (photoacoustics)，也就是在某些條件下，被調變過的太陽光在照射到一個光吸收體後會產生聲音。這是科學史上第一個有關光聲（光產生聲）現象的正式報導。

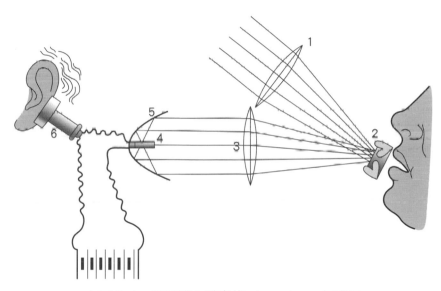

♪圖 7–1　貝爾博士發表的 photophone 示意圖

但光聲現象究竟是如何產生的呢？從物理的角度來看，它的產生機制為何？光可以產生聲音的確是個非常有趣的物理現象。簡單地說，光聲現象的發生可以分為兩個階段：第一個階段是光的吸收，第二個階段是吸光物體因溫度上升所產生的熱膨脹（圖 7–2）。由於物體在將吸收的光能量轉換成熱能後，會因為溫度上升而產生

熱膨脹的效果。若是在光源的強度會受到調變的情況下（即脈衝光的照射下），即會使物體因熱脹冷縮而導致形變，並在反覆的形變過程中產生一壓力波，而此壓力波即是以聲波的形式釋放出來，這就是常見的一種光聲產生機制。

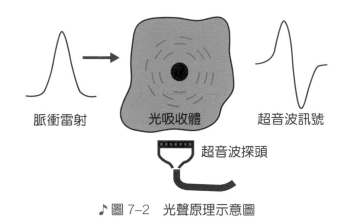

脈衝雷射　　　　光吸收體　　　　超音波訊號

超音波探頭

♪ 圖 7-2　光聲原理示意圖

　　然而，在日常生活中我們很少會注意到這個光聲現象，主要的原因是，光聲現象的有效產生必須要符合幾個條件。首先，在光源照射時間內，熱的傳導效應可以被忽略 (thermal confinement)；其次，光源照射時間要小於聲波在吸收體特徵長度內傳遞所需的時間 (stress confinement)。由於必須滿足上述兩項物理條件，因此在光聲的應用中大多是使用特定波長的短脈衝雷射來作為激發光源。此外，光聲效應所產生的聲波有其特定的振幅與頻率範圍，在許多的應用中，此頻率都是屬於遠高於人類耳朵可以聽到的超音波範圍

（人類可聽到的頻率範圍為 20～20,000 赫茲），而且其振幅不大，因此需要用適合的超音波探頭來接收訊號才能觀察到。

光聲效應所產生出的音波聲壓 (P_0, acoustic pressure) 大小如下式：$P_0=(\beta C^2/C_p)\mu_a F$。其中，$\beta$ 為吸光物質的熱膨脹係數；C 為聲速 （在軟組織與水中約為每秒 1,540 公尺）；C_p 為物質的比熱；μ_a 為光吸收係數；F 為光能量通率。由此公式可知，光聲效應的產生主要與物質的光吸收係數有關 ， 因此透過光聲效應成像的影像對比，主要是反映出物質之光吸收係數。

聲光效應的調變

除了上述光產生聲音的光聲效應機制外，聲音又是如何被看到的呢？如同貝爾博士發明的 photophone，聲音可以對光特性進行調變 (Acoustic-optic modulation)——透過講話的聲音造成鏡子振動 ，並在遠處透過光特性的改變來重建聲音——那麼反過來，我們亦可藉此原理，利用光來偵測聲音。例如在光學實驗中，用於調變光強度及光偏折等用途的聲光調變器，就是利用聲波在晶體內傳播時，晶體的折射率會受到音波所造成的疏密波特性影響，形成週期性變化之折射率，又稱為光柵。圖 7-3 為光經過光柵形成繞射光譜來達到分光或是光偏折效果的示意圖。

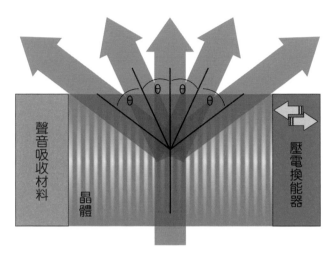

♪ 圖 7-3　聲光調變器的工作原理

　　另外，也可以利用聲音會改變一些特定光學元件的光學特性來偵測音波。例如光震盪器（optical resonator，又稱作 Etalon）或是 Fabry-Perot 干涉儀通常為兩面反射鏡所構成之光學腔 (optical cavity)（圖 7-4 (a)），而此腔體長度會影響出射光強度的比率。當音波入射後，此機械波（振動波）可以改變腔體長度，造成出光的強度調變。只要藉由量測出光強度的變化來重建音波，便可以使得聲音被光偵測到。另外一種被稱作聚合物微環 (polymer ring resonator) 的光學元件，是由一個環形波導 (ring waveguide) 及一個線形波導所組成（圖 7-4 (b)），也是利用類似的光學原理。在特定波長下，線形波導有部分光能量會耦合到環形波導中。當超音波入射到此光學元件中時，由於環形波導材料為容易形變之軟性聚合物，因此聲音的壓力會造成環形波導產生形變，使得從線形波導耦合到環形波導

的光能量產生變化，如此一來，藉由量測線形波導的出光口能量即可重建聲波，也就是聲音產生的變化被這個光學元件所「看到」。此外，光纖光柵 (fiber grating) 受到聲場的影響亦會調變光纖的導光情況（圖 7–4 (c)）。這些光學元件在製程上可以做到非常小，因此可將這些元件當作微小型的超音波探頭來進行應用。

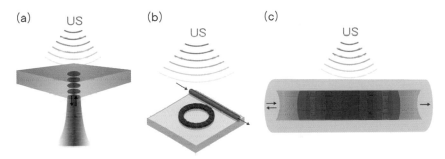

♪ 圖 7–4　能夠偵測聲波的光學元件
(a) Fabry-Perot 干涉儀；(b) 聚合物光纖微環；(c) 光纖光柵。這些光學元件受到聲場入射後的影響而調變元件光學特性，可作為超音波接收器。

🎵 雷射－超音波技術

如上述介紹，雷射能量可用於產生超音波——光聲效應，除此之外，雷射亦可用於接收超音波——聲光調變，因此將這兩項技術結合後，還發展出了一個稱作雷射－超音波技術的新學門（圖 7–5）。該技術是利用脈衝雷射聚焦在檢測物體上，並透過光聲效應在檢測物體表面產生聲波，而聲波在檢測物內部傳遞時，會因為檢測物內部的孔洞、瑕疵等物質產生聲波反射及散射。當此回波傳播回

檢測物表面時，便會產生表面振動及形變，此時再透過觀察另一偵測雷射受到物體表面振動或形變調變的情況，即可將待測物內之瑕疵檢測出來，達到非破壞性檢測的目的。

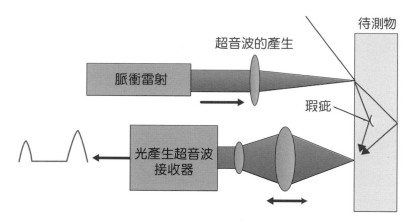

♪圖 7-5　利用雷射─超音波進行非破壞性檢測工作的原理

　　目前已有利用雷射─超音波非破壞性檢測系統，以「非接觸式」的方式來進行非破壞性檢測的實例（圖 7-6），例如：橋墩、油管、船體、飛機機翼等大型機具，或是電路板等機電組件的檢測，都可以以這種方式來進行。透過光產生超音波、再結合光接收超音波的技術，就不需要像一般超音波進行非破壞性檢測時，必須將超音波探頭直接接觸待測物，或是必須搭配一些超音波耦合液體作為介質進行檢查。

　　另外，亦有一些研究是將雷射─超音波技術所製作的微型超音波探頭，應用於生物醫學檢測。

♪ 圖 7–6　以非接觸式雷射－超音波技術進行非破壞性檢測

🎵
光聲影像在生物醫學上的應用

　　光聲現象在一百多年前被貝爾教授發現之後，一直沒有太多具體的應用，僅有少數在非破壞性檢測方面的貢獻。在生醫領域中，一直到十多年前才開始有研究團隊積極的投入該領域的開發。而到了現在，光聲影像不僅已經成為生命科學的研究中相當重要的角色，也仍有數個潛在的臨床應用在開發當中。促使近年來在應用層面進展的動力，主要原因之一是相關科技的日趨成熟，包括雷射光源與超音波探頭等。在大部分的生醫應用中，奈秒 (ns) 等級的脈衝雷射光源可符合產生光聲效應的條件。此外，超音波探頭亦已被廣泛應用於臨床診斷，因為其具有優異的頻率響應與靈敏度，所以也適用於接收光聲訊號。

　　如上文所述，我們可清楚瞭解到，光聲影像其實是藉由超音波訊號來做光學影像，而影像的特徵又是由光吸收係數所決定，但其所使用的訊號卻是超音波訊號 。 你或許正在納悶 ， 既然做光學影像，那就用光學訊號即可，為何還要結合超音波呢？事實上，光聲影像其實是一種截長補短的做法。換言之，它同時結合了光和聲的優點——光吸收對組織特性的高對比，再加上聲波的弱散射、高穿透度與較佳軸向解析度，使其有機會成為另一個重要的臨床影像技術。結合雷射光與高頻音波兩者的優點，提供給臨床醫師及研究員另一種觀察生物組織的手段。一般利用接收穿透、反射或是散射光訊號的純光學影像，例如顯微鏡影像，由於光波長短，因此具有相當好的影像解析度，可以觀察到細胞或組織層級的結構。但光在生物組織中的散射非常明顯，使得光進到組織之後衰減非常嚴重，導致光學影像的穿透深度有限，僅約數十到數百微米 (μm)，因此光學顯微鏡僅能觀察透光的組織切片影像，而在臨床上就需要靠像內視鏡這樣的設備才能觀察到體內的組織器官。相對於光而言，聲波在生物組織的散射及衰減就少了許多，因此可透過光聲效應產生出的音波，將深層組織的光學特性帶出體外，被超音波探頭所接收，因此一些光聲影像在生醫上的應用，影像深度甚至可達數公分至數十公分，使得光聲影像在臨床上有更多的應用。

　　事實上，光聲影像因系統設計的不同，可利用顯微鏡架構或是大照野架構觀察生物體，使小至細胞胞器、細胞、組織，大至器官等不同層級之生醫影像均可運用該技術觀察（圖 7–7）。

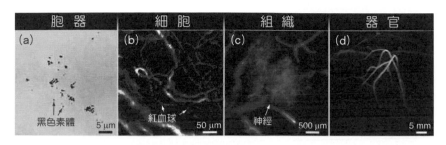

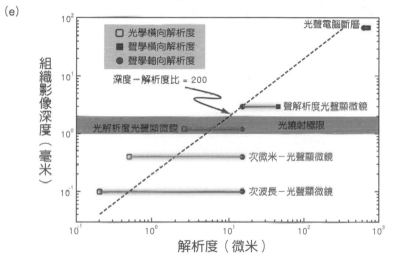

♪ 圖 7-7　多尺度光聲影像

(a)小黑鼠耳內黑色素體光聲顯微鏡影像；(b)利用光解析度光聲顯微鏡觀察微血管內紅血球；(c)人體前臂上黑色素細胞痣聲解析度光聲顯微鏡影像；(d)人類乳房光聲斷層影像；(e)各式光聲影像解析度與影像穿透深度之比較。

根據不同的設計，光聲影像系統主要可區分為光解析度光聲顯微鏡 (optical resolution photoacoustic microscopy, OR-PAM)、聲解析度光聲顯微鏡 (acoustic resolution photoacoustic microscopy, AR-PAM) 以及大照野的光聲斷層影像 (photoacoustic tomography,

PAT)，系統架構分別如圖 7–8 所示。在光聲顯微鏡的架構中，由於照光範圍大小與超音波探頭接收範圍大小的不同，可分為光解析度或是聲解析度光聲顯微鏡，其成像解析度與影像深度各有不同。

(a)光解析度光聲顯微鏡 (b)聲解析度光聲顯微鏡 (c)大照野光聲斷層影像

穿透深度＞1 mm
～1μm 解析度

穿透深度約數 mm
～50μm 解析度

穿透深度約數 cm
＞250μm 解析度

♪ 圖 7–8　各類型光聲顯微鏡
(a)光解析度光聲顯微鏡；(b)聲解析度光聲顯微鏡；(c)光聲斷層。

在光解析度光聲顯微鏡中，當雷射光照射在影像物體上時，由於雷射光點的大小遠小於超音波探頭接收聲音的範圍，所以此顯微鏡的解析度大小由光點大小來決定，而光點大小則可以透過調整物鏡改變雷射光聚焦效果來縮放。光解析度光聲顯微鏡的解析度可小至 1 微米左右，且影像穿透深度約為 1 毫米，適合用來觀察細胞、表面微血管等組織。圖 7–9 為利用光解析度光聲顯微鏡所觀察到之小鼠耳朵血管與微血管。

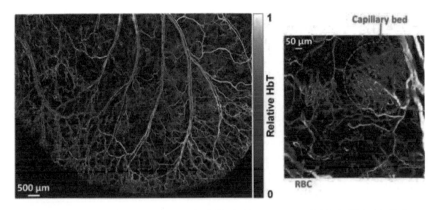

♪ 圖 7-9　光解析度光聲顯微鏡觀察的小鼠耳朵血管及微血管分布

　　聲解析度光聲顯微鏡則是採用類似於光學顯微鏡中暗場顯微鏡 (dark field microscopy) 之光學架構，從超音波探頭的外側照光，此時光照射在影像物體的範圍遠大於超音波探頭接收超音波的範圍 （圖 7-8 (b)）。在此架構下，其影像解析度就由超音波探頭的接收範圍決定，因此大多是採用聚焦式的超音波探頭，並利用超音波探頭的聚焦來縮小超音波接收範圍。此外，若搭配頻率較高之超音波探頭，因其具有較短之波長及較窄之射束寬度，所以可進一步增加聲解析度光聲顯微鏡之解析度，使解析度可達到約 50 微米左右，且影像深度可達數毫米 ，如此一來便能夠觀察到更深層的組織影像，例如體表之微血管等組織。圖 7-10 為聲解析度光聲顯微鏡所觀察到的手臂表面血管分布。

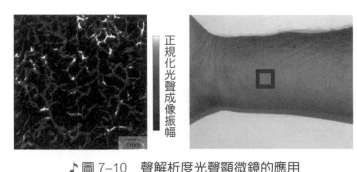

♪ 圖 7-10　聲解析度光聲顯微鏡的應用

利用聲解析度光聲顯微鏡影像增加影像照野範圍及成像深度，觀察手臂表面血管分布。

　　與前面兩種結合顯微鏡技術不同，第三種架構為大照野的光聲斷層影像系統，是透過大範圍雷射照射，並結合超音波陣列探頭的大範圍接收來擷取大照野的光聲影像，或是利用環形探頭接收的方式，透過多角度光聲訊號的影像重建來成像。這種光聲影像系統類似於 X 光電腦斷層影像的重建方式，可用來重建斷切面的光聲影像，在研究中可進行小動物全身斷層光聲影像的重建（圖 7-11）。而在臨床上，也可應用於女性乳房的光聲斷層影像檢查。

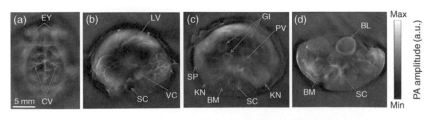

♪ 圖 7-11　光聲斷層影像系統觀察小鼠胸腹部斷切面

　　表 7-1 為各式光聲影像之影像解析度及影像深度的詳細列表。由此可知，光聲影像透過不同系統，可觀察許多不同尺度的生物組

織，從胞器、細胞、組織，甚至到器官均可使用；而解析度亦可從數百奈米至數百微米；影像深度則可從數百微米到數公分。因為如此大幅度的範圍，使得光聲影像在生物醫學的應用非常廣泛，從細胞組織研究、臨床前小動物的研究到臨床影像均有其應用。

♪ 表 7-1　光聲系統影像品質參數

光聲影像系統	橫向解析度（微米）	縱向解析度（微米）	影像深度（毫米）
Subwavelength OR-PAM	0.22	15	0.1[a]
Second generation OR-PAM	2.5	15	1.2[a]
Dark-field AR-PAM	45	15	3[a]
Bright-field AR-PAM	44	15	4.8[a]
Spherical-view PACT	420	420	53[b]
Cylindrical-view PACT	100～250	100	10[a]
Fabry-Perot interferometer PACT	120	27	10[a]
Clinical linear array PACT	720	640	70[b]

[a]根據活體影像數據
[b]根據組織假體數據

　　對於大部分的生物組織光聲成像，大多是採用長波長的可見光或是近紅外光雷射光源（光波長在 700～900 奈米）。此波長的雷射光在生物組織中有較少的光吸收與光散射，因此可增加雷射穿透深度，也就是能夠增加光聲影像深度。運用此波長雷射光的光聲影像深度甚至可達數公分。

　　在生物組織中，不同的組織會具有不同的光吸收光譜（圖 7–12）。而光聲影像在生物醫學的應用，主要就是利用光學吸收對比上的差異來分辨生物組織的特性 (tissue differentiation)。

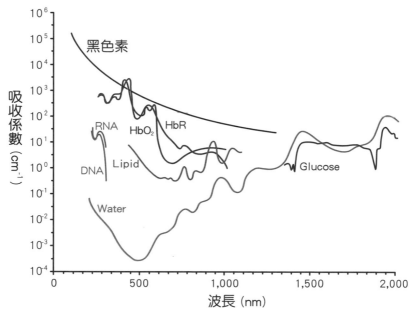

♪ 圖 7–12　生物體內組織、細胞、分子吸收光譜

　　光聲影像可藉由組織的光學吸收特性不同來分辨不同的組織。例如圖 7–7 (c)中的血流與黑色素瘤 (Melanin) 或其他腫瘤組織，因為具有不同的光吸收特性，所以可利用不同雷射波長的光吸收來分辨血流與黑色素瘤，達到組織鑑別的目的，並在光聲影像中使用不同的顏色顯示。另外，臨床上亦可利用血管內光聲影像來分辨正常血管與動脈粥狀硬化 (Atherosclerosis) 血管。動脈粥狀硬化是診斷冠

心病的一個重要指標，而動脈粥狀硬化的成因主要是脂肪堆積在血管壁造成血管發炎，形成血管斑塊堆積在血管壁上。由於脂肪斑塊與正常血管內皮組織的吸收光譜不同，因此可利用特定波長雷射的光聲影像來分辨正常與動脈粥狀硬化血管，以診斷血管健康程度。

　　在光聲影像組織鑑別上還有一項重要的應用，就是利用光聲影像來分辨血液中帶氧紅血球與去氧紅血球的比例，以量測血氧程度，作為進行器官功能性研究的依據。例如腦功能影像就是利用光聲影像進行檢查的一個好例子。腦神經細胞活化時，除了電性的改變外，亦會需要利用大量的氧氣。透過神經血管耦合 (neurovascular coupling) 的特性來研究腦功能時，便可利用光聲影像來量測不同腦區之血氧情況，如此一來就可作為研究腦功能活性的依據。在 2009 年，即有學者利用光聲影像進行了一個簡單功能性測試的實驗——在對實驗大鼠進行鬍鬚刺激時，也同時記錄下牠的腦部光聲功能性影像。由影像結果發現，當實驗者對大鼠左側鬍鬚進行撥弄時，動物右側腦皮質因神經活化而造成所需血氧上升，且反之亦然（圖 7–13）。此研究結果不僅首度證實了光聲影像可以用於觀察腦功能活性，也打開了光聲功能性影像新的一頁，可藉由此功能性影像平臺使對於大腦功能的研究有更進一步的進展。

　　光聲影像除了可以具有上述的組織鑑別功能外，亦可透過此影像技術的特殊光吸收對比進行一些介入性治療之影像導引用途。一般臨床上在進行這些介入性治療（藥物的皮下注射、關節腔注射、組織切片、小手術等）時，需要在施術過程中透過非侵入式影像的

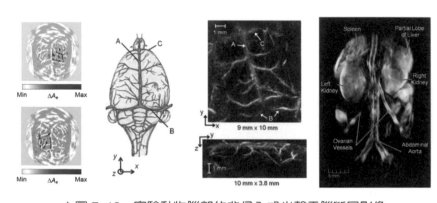

♪ 圖 7-13　實驗動物腦部的非侵入式光聲電腦斷層影像

(a)功能性大鼠腦影像，其中上圖為刺激左側鬍鬚，右側腦因腦神經活化增加腦血流的供給，造成吸收係數改變，圖中顏色所代表的是吸收係數的改變量（ΔA_e），下圖則為刺激右側鬍鬚所造成之結果；(b)左圖為小鼠腦表血管分布示意圖，右上圖及右下圖則為腦表面及腦橫斷面之光聲血流影像；(c)活體小鼠腹部冠狀切面光聲影像。

方式來當作醫師的另一雙眼睛，即時性的觀察在肌肉或是其他組織內的施術定位與過程。在這樣的環境下，臨床很常使用超音波影像來作為導引工具，因為超音波具有可以在醫院診間或是手術房中提供即時性的人體組織內部結構性影像之功能。但在超音波影像中，無論是肌肉組織或是施術器械皆有超音波的回波訊號，而背景組織的影像結果會降低在進行影像導引施術器械時的可視度，因此若改以光聲影像進行手術導引，則能夠獲得上述光聲影像所具有的影像高對比及易與超音波影像技術融合的優勢。例如在皮下注射時，超音波影像可用於導引針具的使用，但針具周邊的組織所產生的背景訊號會降低針具在超音波導引影像之可見程度（圖 7-14(a)），且常會受到超音波影像假影之影響，造成醫師使用上的不方便。但在應

用了光聲影像的情況下，透過針具與周邊組織雷射光吸收的差異大，即僅有針具等施術器械具有較強之光聲顯影（圖 7–14 (b)）。透過圖 7–14 的比較可明顯看出，在作為介入性治療之導引方面，光聲影像所具有的優勢。而此技術目前也在臨床影像領域持續發展中，未來將有潛力可在臨床上提供此一功能。

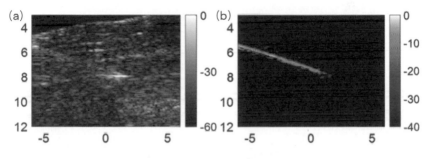

♪ 圖 7–14　光聲影像導引注射
(a)針具注射超音波影像；(b)光聲影像，藉由光聲影像對比增加針具在肌肉組織中之可視性。

除了上述的應用外，光聲影像也可以拿來當作量測組織溫度的工具。如前面段落提到的光聲效應所產生出的音波聲壓 (P_0) 大小公式中：$P_0=(\beta C^2/C_p)\mu_a F$，其中的 $\beta C^2/C_p$ 稱做 Grüneisen 參數（Γ 參數）；β 為熱體積膨脹係數。在過去的研究中，富含脂肪與水分的組織在 10～55 °C 之間的熱體積膨脹係數為溫度的線性函數，也就是光聲壓力的振幅與 Grüneisen 參數成正比，因此藉由量測組織的光聲訊號強度便可以推測出組織的溫度。這樣非侵入式影像應用，適合用於各式熱治療方式的溫度監控。在過去的研究中，光聲影像的溫度監控應用不僅已經在許多離體組織的光熱治療中得到驗證，也

已經開發出可用於眼角膜雷射光熱治療的溫度監控等臨床應用。

♫
光聲影像對比劑

　　光聲影像除了上述的內生性的組織對比外，也可以結合對比劑或是奈米粒子的光聲特性來做進一步的運用。許多醫學影像在進行特定檢查時，都會透過顯影劑的使用來提升診斷之正確性，光聲影像當然也不例外。光聲影像使用的對比劑 (Photoacoustic contrast agent) 必須具備高光學吸收特性──含有較高的消光係數 (molar extinction coefficient) 以及較低的螢光產率 (low fluorescent quantum yield)，使得大部分吸收的光能量都透過光熱效應轉化成熱，進而產生光聲訊號。光聲影像常用的對比劑可以分成有機染劑 (organic dye)、螢光蛋白 (fluorescent protein) 和無機奈米粒子 (nanoparticles) 等種類。常用的有機染劑有 Indocyanine green (ICG)、IRDye 800 及甲基藍 (Methylene blue) 等 ；而常用的螢光蛋白包括綠螢光蛋白 (green fluorescent protein, GFP) 及 DsRed 等。除此之外，奈米金屬粒子也是很常被用來作為光聲對比劑，其中最受重視的材料之一就是奈米金粒子 (gold nanoparticles)。這些粒子不僅具有良好的光聲效應，而且在生物醫學的應用中所具有的優點還包括：具有較好的生物相容性、無生物毒性、容易進行生物表面修飾，以及可以設計成奈米球、奈米桿、奈米殼、奈米紡錘等各種不同的型式。

　　化學家總是能在小小的奈米尺度下，透過不同形狀與組成的設計，讓這些粒子具有所需的光譜特性、穩定度、靈敏度，以及生物相容性等性質。圖7–15(a)就是在顯微鏡下所看到的奈米球與奈米桿，球的直徑約在 20 奈米左右，而桿的長短軸比則可以從 1：1 到 10：1。圖7–15(b)則是奈米球與奈米桿的吸收光譜比較。透過此圖可以發現，隨著長短軸比的增加，吸收光譜的峰值波長也隨之往近紅外區域移動。這個有趣的特性，再加上奈米金粒子良好的光聲特性與相對安全的生物相容性，促成了許多光聲影像的新應用。

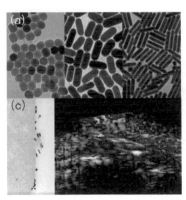
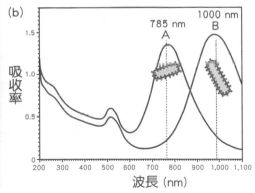

♪ 圖 7–15　金奈米球與金奈米桿

(a)顯微鏡下的金奈米球與金奈米桿；(b)兩種不同的金奈米桿的吸收光譜，愈長的桿具有愈高的吸收波長峰值；(c)接有特定抗體的金奈米桿，在生物體內具有像巡弋飛彈一樣的「標靶」功能，且它的分布亦可透過影像方式呈現，圖中則為小鼠腫瘤之標靶光聲影像。

　　透過材料化學與分子生物領域更進一步地合作，科學家們在這些微小的奈米金粒子上連接特定的抗體並注射進動物體內後，這些金粒子就具有了自動尋找「標靶」的功能，可以找到所對應的抗

原。由於這些抗原在體內是針對特定疾病才會表現出來，因此這些具有「標靶」功能的金粒子就像是體內的巡弋飛彈一樣，能夠自動尋找目標物並與之結合。與特定抗原結合後，再透過光聲影像的方式呈現，醫師就可以藉此知道患者病徵的位置。舉例來說，針對某一種癌症，透過此種抗原與抗體的分子結合，影像上就可以清楚、準確地呈現出特定腫瘤的位置與大小，將有助於醫師做出更正確的診斷與治療。這種結合分子醫學的影像方式又稱做分子影像，也就是具有「標靶」功能的影像方式。分子影像在傳統的結構影像與功能影像之外，創造出醫學影像的另一個重要發展方向。奈米金粒子除了可作為光聲影像的對比劑增強光聲訊號外，透過其高吸收治療雷射能量的特性，亦可作為雷射光熱治療的增強劑，提高治療效果。因此奈米金粒子在此方面的生醫應用下，可作為一種診治合一的光聲對比劑。

接續上述分子影像的概念，我們瞭解到，影像觀察時除了影像解析度外，影像的對比度也甚為重要。影像解析度雖無法直接觀察到生物體內分子之活動與分布，但藉由對比劑的標定，仍然能夠觀察到分子表現，在早期的分子活動中檢查出細胞的變異。甚至可利用一些特殊的光聲影像對比劑，例如 GCaMP5G、CaSPA_550 或 chlorophosphonazo III (CPZ III) 等，進一步地標定出生物體內的鈣離子濃度變化與分布。由於鈣離子是人體內神經活化與細胞活動之重要離子，利用此技術不僅可使光聲影像能夠應用於觀察動物腦神經

活化及神經血管耦合 (neurovascular coupling) 等生理現象，亦可用於進行細胞微環境的觀察，例如癌細胞活化之相關研究等。

♫ 光聲影像在臨床上的應用

乳房影像

　　乳癌為我國婦女發生率第一位的癌症。光聲影像因為影像深度足夠，而且影像範圍可覆蓋整個乳房或是大部分的乳房範圍（圖 7–16），因此在乳房診斷影像的應用具有相當高的臨床轉譯潛力，目前科學家與臨床醫師們也已經著手進行多項臨床試驗。光聲影像最早在 2001 年，被應用於人體乳房影像上的測試，自此之後便有許多用於診斷惡性腫瘤的臨床系統開發與臨床測試研究。其中一項最早的臨床試驗中，科學家利用 1,064 奈米近紅外光作為光聲射源，並使用 588 個元件的超音波接收陣列來收取影像，結果在 33 個案例中，偵測到了其中 32 例的病兆，可見其診斷能力相當的高。在後續的發展中，透過解析多波長的雷射光聲訊號，除了可以觀察腫瘤型態之外，亦可用於觀察腫瘤血管的新生血管分布與血氧濃度，以提供更多的腫瘤資訊，協助醫師進一步診斷出腫瘤發展進程與評估良惡性，對於臨床篩檢、診斷，甚至是腫瘤治療療效、預後評估光聲乳癌檢測將具有很大的發展潛力。

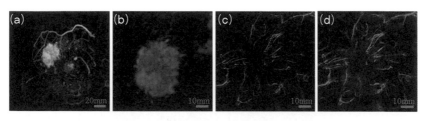

♪ 圖 7–16　各式乳癌腫瘤診療影像

(a)為乳癌患者之原始核磁共振影像，圖中紅色圈圈內為腫瘤範圍；(b)為核磁共振影像放大圖；(c)為光聲影像；(d)則為結合(b)(c)的影像，將核磁共振腫瘤實質影像及光聲腫瘤血管新生影像融合而成的影像。

皮膚影像

在皮膚的影像中，大多還是利用光學影像肉眼觀察皮膚表面，或是利用侵入式的方式進行組織切片來化驗，而光聲影像可以使用非侵入式的方式達到類似於組織切片的效果。此方式是透過光聲光學吸收的對比來觀察皮膚組織及病兆，不僅可用於觀察皮膚的層狀結構，或是利用光譜吸收方式來分辨黑色素、帶氧及非帶氧血紅素，亦可利用光聲影像來診斷皮膚疾病。例如透過光聲影像來觀察毛囊及毛囊皮脂腺 (pilosebaceous)，幫助瞭解與診斷不正常脫髮與粉刺等問題；或是用於診斷嚴重的異位性皮膚炎與皮膚癌等皮膚疾病。因此，皮膚影像也是光聲影像其中一項重要的臨床應用。

其他應用

光聲影像其他的臨床應用還包括：血管影像、肌肉骨骼影像、腸胃道影像等。在血管影像中，臨床上常用超音波影像來診斷因為

血管內斑塊的生成所引發的血管阻塞或是血管狹窄等病兆，若是再配合上頸動脈或是血管內的光聲影像，便可透過多波長光聲影像來解析斑塊的組成成分，如此一來將有利於評估因斑塊剝落而造成急性心肌梗塞或是中風等心血管疾病的風險。而藉由光聲影像觀察關節腔內的軟骨結構、關節滑液、新生血管及骨頭組織，也可以用來作為診斷類風溼性關節炎等的依據。另外，腸胃道的光聲影像則可以用於診斷克隆氏病 (Crohn's disease) 等疾病。

未來展望

　　以光聲的方式來進行生物醫學造影，具有相當多的獨特性。相較於其他傳統醫學影像的方式 （如 X 光、核磁共振、正子斷層掃描），光聲影像巧妙地結合了兩種不同形式的波（光波與聲波），並且可以相互截長補短 ， 因此目前已經在許多的應用上能夠看出優勢，以及未來的發展潛力。舉例來說，上述的光聲分子影像所使用的奈米金粒子 ， 既是一種良好的光能量吸收體 ， 又具有著優異的「標靶」功能，因此科學家便將其設計進一步地改良，使其成為新的「標靶」光熱治療技術。透過雷射的加熱，可有效地針對病灶進行熱治療 ， 而且不會影響到正常細胞 ， 沒有治療上的副作用。 此外，這些用來實現光聲影像的元件的大小亦已經可以縮小到 1 毫米左右，使得它們能夠與傳統超音波影像裝置結合，放置到血管內進

行成像，針對血管阻塞等相關疾病的治療進行影像引導。當然，光
聲影像還有許多其他的潛在應用，目前科學家們也都正在積極的研
究與開發，相信其中的許多技術在不久的將來就會被應用於臨床的
疾病診斷及治療上。

附　錄

參考資料

CH 1

Alipour, F., & Scherer, R. C. (2015). Time-Dependent Pressure and Flow Behavior of a Self-oscillating Laryngeal Model With Ventricular Folds. *Journal of Voice, 29*(6), 649–659.

Benninger, M. S. (2011). The professional voice. *Journal of Laryngology and Otology, 125*(2), 111–116.

Bergevin, C., Narayan, C., Williams, J., Mhatre, N., Steeves, J. K. E., Bernstein, J. G. W., et al. (2020). Overtone focusing in biphonic tuvan throat singing. *Elife, 9.*

Borch, D. Z., & Sundberg, J. (2011). Some Phonatory and Resonatory Characteristics of the Rock, Pop, Soul, and Swedish Dance Band Styles of Singing. *Journal of Voice, 25*(5), 532–537.

Fletcher, N. H. (1999). The nonlinear physics of musical instruments. *Reports on Progress in Physics, 62*(5), 723–764.

Fletcher, N. H., & Rossing, T. D. (1998). *The physics of musical instruments* (2nd ed.). New York: Springer.

Jenkins, A. (2013). Self-oscillation. *Physics Reports-Review Section of Physics Letters, 525*(2), 167–222.

Mergell, P., Fitch, W. T., & Herzel, H. (1999). Modeling the role of nonhuman vocal membranes in phonation. *Journal of the Acoustical Society of America, 105*(3), 2020–2028.

Roers, F., Murbe, D., & Sundberg, J. (2009). Voice classification and vocal tract of singers: A study of x-ray images and morphology. *Journal of the Acoustical Society of America, 125*(1), 503–512.

Ruiz, M. J. (2014). Boomwhackers and End-Pipe Corrections. *Physics Teacher, 52*(2), 73–75.

Story, B. H., & Titze, I. R. (1995). Voice Simulation with a Body-Cover Model of the Vocal Folds. *Journal of the Acoustical Society of America, 97*(2), 1249–1260.

Tsai, C.-G. (2003). *The Chinese membrane flute (dizi): Physics and perception of its tones*. PhD dissertation. Germany: Humboldt-Universität zu Berlin.

Wilson, T. D., & Keefe, D. H. (1998). Characterizing the clarinet tone: Measurements of Lyapunov exponents, correlation dimension, and unsteadiness. *Journal of the Acoustical Society of America, 104*(1), 550–561.

CH 3

● Hunter PG, Schellenberg EG, Griffith AT. Misery loves company: mood-congruent emotional responding to music. Emotion. 2011 Oct; 11(5): 1068–72. doi: 10.1037/a0023749. PMID: 21639629.

● Honing H, ten Cate C, Peretz I, Trehub SE. Without it no music: cognition, biology and evolution of musicality. Philos Trans R Soc Lond B Biol Sci. 2015 Mar 19;370(1664):20140088. doi: 10.1098/rstb.2014.0088. PMID: 25646511; PMCID: PMC4321129.

● Mehr SA, Singh M, Knox D, Ketter DM, Pickens-Jones D, Atwood S, Lucas C, Jacoby N, Egner AA, Hopkins EJ, Howard RM, Hartshorne JK, Jennings MV, Simson J, Bainbridge CM, Pinker S, O'Donnell TJ, Krasnow MM, Glowacki L. Universality and diversity in human song. Science. 2019 Nov 22; 366(6468): eaax0868. doi: 10.1126/science.aax0868. PMID: 31753969; PMCID: PMC7001657.

● Harvey AR. Music and the Meeting of Human Minds. Front Psychol. 2018 May 16;9:762. doi: 10.3389/fpsyg.2018.00762. PMID: 29867703; PMCID: PMC5964593.

● Fritz T, Jentschke S, Gosselin N, Sammler D, Peretz I, Turner R, Friederici AD, Koelsch S. Universal recognition of three basic emotions in music. Curr Biol. 2009 Apr 14; 19(7): 573–6. doi: 10.1016/j.cub.2009.02.058. Epub 2009 Mar 19. PMID: 19303300.

● Sievers B, Polansky L, Casey M, Wheatley T. Music and movement share a dynamic structure that supports universal expressions of emotion. Proc Natl Acad Sci U S A. 2013 Jan 2;110(1):70–5. doi: 10.1073/pnas.1209023110. Epub 2012 Dec 17. PMID: 23248314; PMCID: PMC3538264.

● Oesch N. Music and Language in Social Interaction: Synchrony, Antiphony, and Functional Origins. Front Psychol. 2019 Jul 2;10:1514. doi: 10.3389/fpsyg. 2019.01514. PMID: 31312163; PMCID: PMC6614337.

● Salimpoor VN, Benovoy M, Larcher K, Dagher A, Zatorre RJ. Anatomically distinct dopamine release during anticipation and experience of peak emotion to music. Nat Neurosci. 2011 Feb;14(2):257–62. doi: 10.1038/nn.2726. Epub 2011 Jan 9. PMID: 21217764.

● Salimpoor VN, van den Bosch I, Kovacevic N, McIntosh AR, Dagher A, Zatorre RJ. Interactions between the nucleus accumbens and auditory cortices predict music reward value. Science. 2013 Apr 12;340(6129):216–9. doi: 10.1126/science.1231059. PMID: 23580531.

◉ Sescousse G, CaldúX, Segura B, Dreher JC. Processing of primary and secondary rewards: a quantitative meta-analysis and review of human functional neuroimaging studies. Neurosci Biobehav Rev. 2013 May;37(4):681–96. doi: 10.1016/j.neubiorev.2013.02.002. Epub 2013 Feb 13. PMID: 23415703.

◉ Ferreri L, Mas-Herrero E, Zatorre RJ, Ripollés P, Gomez-Andres A, Alicart H, OlivéG, Marco-Pallarés J, Antonijoan RM, Valle M, Riba J, Rodriguez-Fornells A. Dopamine modulates the reward experiences elicited by music. Proc Natl Acad Sci U S A. 2019 Feb 26;116(9):3793–3798. doi: 10.1073/pnas.1811878116. Epub 2019 Jan 22. PMID: 30670642; PMCID: PMC6397525.

◉ Martínez-Molina N, Mas-Herrero E, Rodríguez-Fornells A, Zatorre RJ, Marco-Pallarés J. Neural correlates of specific musical anhedonia. Proc Natl Acad Sci U S A. 2016 Nov 15;113(46):E7337-E7345. doi: 10.1073/pnas.1611211113. Epub 2016 Oct 31. PMID: 27799544; PMCID: PMC5135354.

◉ Gosselin N, Samson S, Adolphs R, Noulhiane M, Roy M, Hasboun D, Baulac M, Peretz I. Emotional responses to unpleasant music correlates with damage to the parahippocampal cortex. Brain. 2006 Oct;129(Pt 10):2585–92. doi: 10.1093/brain/awl240. Epub 2006 Sep 7. PMID: 16959817.

◉ Gosselin N, Peretz I, Noulhiane M, Hasboun D, Beckett C, Baulac M, Samson S. Impaired recognition of scary music following unilateral temporal lobe excision. Brain. 2005 Mar;128(Pt 3):628–40. doi: 10.1093/brain/awh420. Epub 2005 Feb 7. PMID: 15699060.

◉ Wilhelm, K., Gillis, I., Schubert, E., & Whittle, E. L. (2013). On a blue note: Depressed peoples'reasons for listening to music. Music and Medicine, 5(2), 76 – 83. https://doi.org/10.1177/1943862113482143

◉ Kawakami A, Furukawa K, Katahira K, Okanoya K. Sad music induces pleasant emotion. Front Psychol. 2013 Jun 13;4:311. doi: 10.3389/fpsyg.2013.00311. PMID: 23785342; PMCID: PMC3682130.

◉ Eerola T, Vuoskoski JK, Peltola HR, Putkinen V, Schäfer K. An integrative review of the enjoyment of sadness associated with music. Phys Life Rev. 2018 Aug;25:100–121. doi: 10.1016/j.plrev.2017.11.016. Epub 2017 Nov 23. PMID: 29198528.

◉ Garrido, Sandra & Schubert, Emery. (2011). Individual Differences in the Enjoyment of Negative Emotion in Music: A Literature Review and Experiment. Music Perception: An Interdisciplinary Journal. 28. 279–296. 10.1525/mp.2011.28.3.279.

◉ North AC. Individual differences in musical taste. Am J Psychol. 2010 Summer;123(2):199–208. doi: 10.5406/amerjpsyc.123.2.0199. PMID: 20518436.

⦿ Taruffi L, Koelsch S. The of music-evoked sadness: an online survey. PLoS One. 2014 Oct 20;9(10):e110490. doi: 10.1371/journal.pone.0110490. PMID: 25330315; PMCID: PMC4203803.

⦿ Greenberg, D. M., Kosinski, M., Stillwell, D. J., Monteiro, B. L., Levitin, D. J., & Rentfrow, P. J. (2016). The song is you: Preferences for musical attribute dimensions reflect personality. Social Psychological and Personality Science, 7(6), 597–605. https://doi.org/10.1177/1948550616641473

⦿ Taruffi L, Skouras S, Pehrs C, Koelsch S. Trait Empathy Shapes Neural Responses Toward Sad Music. Cogn Affect Behav Neurosci. 2021 Feb;21(1):231–241. doi: 10.3758/s13415–020–00861-x. Epub 2021 Jan 20. PMID: 33474716; PMCID: PMC7994216.

⦿ Eerola T, Vuoskoski JK, Kautiainen H, Peltola HR, Putkinen V, Schäfer K. Being moved by listening to unfamiliar sad music induces reward-related hormonal changes in empathic listeners. Ann N Y Acad Sci. 2021 Jul 17. doi: 10.1111/nyas.14660. Epub ahead of print. PMID: 34273130.

⦿ Huron D, Vuoskoski JK. On the Enjoyment of Sad Music: Pleasurable Compassion Theory and the Role of Trait Empathy. Front Psychol. 2020 May 28;11:1060. doi: 10.3389/fpsyg.2020.01060. PMID: 32547455; PMCID: PMC7270397.

⦿ Vuoskoski, Jonna & Thompson, William & Mcilwain, Doris & Eerola, Tuomas. (2012). Who Enjoys Listening to Sad Music and Why?. Music Perception. 10.1525/mp.2012.29.3.311.

⦿ Kawakami A, Katahira K. Influence of trait empathy on the emotion evoked by sad music and on the preference for it. Front Psychol. 2015 Oct 27;6:1541. doi: 10.3389/fpsyg.2015.01541. PMID: 26578992; PMCID: PMC4621277.

⦿ Vuoskoski JK, Eerola T. The Pleasure Evoked by Sad Music Is Mediated by Feelings of Being Moved. Front Psychol. 2017 Mar 21;8:439. doi: 10.3389/fpsyg.2017.00439. PMID: 28377740; PMCID: PMC5359245.

⦿ Hanich, J., Wagner, V., Shah, M., Jacobsen, T., & Menninghaus, W. (2014). Why we like to watch sad films. The pleasure of being moved in aesthetic experiences. Psychology of Aesthetics, Creativity, and the Arts, 8(2), 130 – 143. https://doi.org/10.1037/a0035690

⦿ .Nieminen S, Istók E, Brattico E, Tervaniemi M, Huotilainen M. The development of aesthetic responses to music and their underlying neural and psychological mechanisms. Cortex. 2011 Oct;47(9):1138–46. doi: 10.1016/j.cortex.2011.05.008. Epub 2011 May 17. PMID: 21665202.

◉ Mitterschiffthaler MT, Fu CH, Dalton JA, Andrew CM, Williams SC. A functional MRI study of happy and sad affective states induced by classical music. Hum Brain Mapp. 2007 Nov;28(11):1150–62. doi: 10.1002/hbm.20337. PMID: 17290372; PMCID: PMC6871455.

◉ Trost W, Ethofer T, Zentner M, Vuilleumier P. Mapping aesthetic musical emotions in the brain. Cereb Cortex. 2012 Dec;22(12):2769–83. doi: 10.1093/cercor/bhr353. Epub 2011 Dec 15. PMID: 22178712; PMCID: PMC3491764.

◉ Brattico E, Bogert B, Alluri V, Tervaniemi M, Eerola T, Jacobsen T. It's Sad but I Like It: The Neural Dissociation Between Musical Emotions and Liking in Experts and Laypersons. Front Hum Neurosci. 2016 Jan 6;9:676. doi: 10.3389/fnhum.2015.00676. PMID: 26778996; PMCID: PMC4701928.

◉ Putkinen V, Nazari-Farsani S, SeppäläK, Karjalainen T, Sun L, Karlsson HK, Hudson M, HeikkiläTT, Hirvonen J, Nummenmaa L. Decoding Music-Evoked Emotions in the Auditory and Motor Cortex. Cereb Cortex. 2021 Mar 31;31(5):2549–2560. doi: 10.1093/cercor/bhaa373. PMID: 33367590.

◉ Brattico, E., Alluri, V., Bogert, B., Jacobsen, T., Vartiainen, N., Nieminen, S. & Tervaniemi, M. (2011) A functional MRI study of happy and sad emotions in music with and without lyrics. Frontiers in Psychology, 2.

◉ Menninghaus, W., Wagner, V., Hanich, J., Wassiliwizky, E., Jacobsen, T., & Koelsch, S. (2017). The Distancing-Embracing model of the enjoyment of negative emotions in art reception. *Behavioral and Brain Sciences,40*, E347. doi:10.1017/S0140525X17000309.

◉ Patel, A. D. (2008). Music, language and the brain. Oxford: Oxford University Press.

◉ Patel, A. D. (2018). Music as a transformative technology of the mind: An update. In H. Honing (Ed.), The origins of musicality (pp. 113–26). Cambridge, MA: MIT Press

◉ Patel, A. D. (2014). The evolutionary biology of musical rhythm: Was Darwin wrong? PLoS Biology 12(3):1389 e1001821. http://doi.org/10.1371/journal.pbio.1001821

◉ Cirelli LK, Trehub SE. Familiar songs reduce infant distress. Dev Psychol. 2020 May;56(5):861–868. doi: 10.1037/dev0000917. Epub 2020 Mar 12. PMID: 32162936.

◉ Cirelli, Laura & Trehub, Sandra. (2018). Infants help singers of familiar songs. Music & Science. 1. 205920431876162. 10.1177/2059204318761622.

◉ Pearce E, Launay J, Dunbar RI. The ice-breaker effect: singing mediates fast social bonding. *R Soc Open Sci*. 2015;2(10):150221. Published 2015 Oct 28. doi:10.1098/rsos.150221

● Anshel, A., & Kipper, D. A. (1988). The influence of group singing on trust and cooperation. Journal of Music Therapy, 25(3), 145 – 155. https://doi.org/10.1093/jmt/25.3.145

● Weinstein, D., Launay, J., Pearce, E., Dunbar, R. I. M., & Stewart, L. (2016). Group music performance causes elevated pain thresholds and social bonding in small and large groups of singers. Evolution and Human Behavior 37(2): 152–58.

● Dingle GA, Sharman LS, Bauer Z, Beckman E, Broughton M, Bunzli E, Davidson R, Draper G, Fairley S, Farrell C, Flynn LM, Gomersall S, Hong M, Larwood J, Lee C, Lee J, Nitschinsk L, Peluso N, Reedman SE, Vidas D, Walter ZC, Wright ORL. How Do Music Activities Affect Health and Well-Being? A Scoping Review of Studies Examining Psychosocial Mechanisms. Front Psychol. 2021 Sep 8;12:713818. doi: 10.3389/fpsyg.2021.713818. PMID: 34566791; PMCID: PMC8455907.

● Irons JY, Sheffield D, Ballington F, Stewart DE. A systematic review on the effects of group singing on persistent pain in people with long-term health conditions. Eur J Pain. 2020 Jan;24(1):71–90. doi: 10.1002/ejp.1485. Epub 2019 Oct 15. PMID: 31549451; PMCID: PMC6972717.

● Keeler JR, Roth EA, Neuser BL, Spitsbergen JM, Waters DJ, Vianney JM, The neurochemistry and social flow of singing: bonding and oxytocin. Front Hum Neurosci. 2015 Sep 23;9:518. doi: 10.3389/fnhum.2015.00518. PMID: 26441614; PMCID: PMC4585277.

● Schlädt TM, Nordmann GC, Emilius R, Kudielka BM, de Jong TR, Neumann ID. Choir versus Solo Singing: Effects on Mood, and Salivary Oxytocin and Cortisol Concentrations. Front Hum Neurosci. 2017 Sep 14;11:430. doi: 10.3389/fnhum.2017.00430. PMID: 28959197; PMCID: PMC5603757.

● Wallin, N. L., Merker, B., & Brown, S. (Eds.). (2000). The origins of music. C 1590 ambridge: MIT Press

● Trainor LJ. The origins of music in auditory scene analysis and the roles of evolution and culture in musical creation. Philos Trans R Soc Lond B Biol Sci. 2015 Mar 19;370(1664):20140089. doi: 10.1098/rstb.2014.0089. PMID: 25646512; PMCID: PMC4321130.

● Huron, D. (2011). Why is sad music pleasurable? A possible role for prolactin. Musicae Scientiae, 15(2), 146–158. https://doi.org/10.1177/1029864911401171

● OLDS J, MILNER P. Positive reinforcement produced by electrical stimulation of septal area and other regions of rat brain. J Comp Physiol Psychol. 1954 Dec;47(6):419–27. doi: 10.1037/h0058775. PMID: 13233369.

◉ Juslin, P. N., & Sloboda, J. A. (Eds.). (2010). *Handbook of music and emotion: Theory, research, applications.* Oxford University Press.

◉ Savage, P. E., Brown, S., Sakai, E., & Currie, T. E. (2015). Statistical universals reveal the structures and functions of human music. Proceedings of the National Academy of Sciences USA 112(29): 8987–92.

◉ Savage, Patrick & Loui, Psyche & Tarr, Bronwyn & Schachner, Adena & Glowacki, Luke & Mithen, Steven & Fitch, Tecumseh. (2020). Music as a coevolved system for social bonding. 10.31234/osf.io/qp3st.

CH 4

◉ 地鳴？地震聲音？: https://agupubs.onlinelibrary.wiley.com/doi/full/10.1029/2012GL054382

◉ Cochran, E. S., Lawrence, J. F., Christensen, C., & Jakka, R. S. (2009). The quake-catcher network: Citizen science expanding seismic horizons. *Seismological Research Letters*, 80(1), 26–30.

◉ Field, E. H. (2008). *The uniform California earthquake rupture forecast, version 2 (UCERF 2)* (Vol. 1138). US Geological Survey.

◉ Wang, Y. J., Chan, C. H., Lee, Y. T., Ma, K. F., Shyu, J. B. H., Rau, R. J., & Cheng, C. T. (2016). Probabilistic seismic hazard assessment for Taiwan. *Terr. Atmos. Ocean. Sci., 27*(3), 325–340.

◉ Wu, Y. M., Chen, D. Y., Lin, T. L., Hsieh, C. Y., Chin, T. L., Chang, W. Y., ... & Ker, S. H. (2013). A high-density seismic network for earthquake early warning in Taiwan based on low cost sensors. *Seismological Research Letters, 84*(6), 1048–1054.

◉ RESIST Project (2020), https://www.belmontforum.org/archives/projects/resilient-societies-through-smart-city-technology-assessing-earthquake-risk-in-ultra-high-resolution.

CH 5

◉ 嚴宏洋 (2018)，〈魚類的水下聲色世界〉，《科學發展月刊》，NO.541，頁 62–67。

◉ 嚴宏洋 (2014)，〈魚類的水底下聲色世界：性、行為、生理與基因〉，《中央研究院知識饗宴》，NO.10，頁 127–147。

◉ 嚴宏洋 (2012)，〈海中磁航〉，《科學人》，NO.122 2012 年 4 月號，頁 42–46。

◉ 嚴宏洋 (2011)，〈神經生理知識在水產養殖與漁撈漁業上的應用〉，《農業科學新世紀》，NO.12，頁 42–46。

◉ 嚴宏洋 (2007)，〈魚兒求生六計〉，《科學人》，NO.67 2007 年 9 月號，頁 88–91。

● 嚴宏洋 (2010)，〈魚兒性事多彩多姿〉，《科學人》，NO.108 2011 年 2 月號，頁 30–33。

● 嚴宏洋 (2010)，〈章魚與烏賊的視聽生活〉，《科學人》，NO.105 2010 年 11 月號，頁 90–93。

CH 6

● C. S. Clay and H. Medwin, *Acoustical oceanography: Principles and applications.* New York: Wiley Interscience, 1977.

● Jean-Daniel Colladon, *Souvenirs et Memoires*, (Albert-Schuchardt, Geneva, 1893). NOAA Photo Library.

● T. S. Garrison, Oceanography: An Invitation to Marine Science. Brooks Cole, 9th ed., January 2015.

● A. Baggeroer and W. Munk, "The Heard Island feasibility test," *Physics Today*, pp. 22–30, September 1992.

● W. W. L. Au and K. Banks, "The acoustics of the snapping shrimp *Synalpheus parneomeris* in Kaneohe Bay," *J. Acoust. Soc. Am.*, vol. 103, no. 1, pp. 41–47, 1998.

● M. J. Buckingham, J. R. Potter, and C. L. Epifanio, "Seeing underwater with background noise," *Scientific American*, vol. 274, pp. 86–90, February 1996.

● https://www.ctbto.org/verification-regime/spin-offs-for-disaster-warning-and-science/

● https://www.ctbto.org/press-centre/media-advisories/2017/media-advisory-ctbto-hydroacoustic-data-to-aid-in-search-for-missing-sub-san-juan/

● Ocean Tomography Group (Behringer, T. Birdsall, M. Brown, B. D. Cornuelle, R. Heinmiller, R. Knox, K. Metzger, W. Munk, J. Spiesberger, R. Spindel, D. Webb, P. Worcester, and C. Wunsch), "A demonstration of ocean acoustic tomography," *Nature*, vol. 299, no. 5879, pp. 121–125, 1982.

● U. Send, P. F. Worcester, B. D. Cornuelle, C. O. Tiemann, and B. Baschek, "Integral measurements of mass transport and heat content in the Strait of Gibraltar from acoustic transmissions," *Deep-Sea Res*. II, vol. 49, no. 19, pp. 4069–4095, 2002.

● U. Send, G. Krahmann, D. Mauuary, Y. Desaubies, F. Gaillard, T. Terre, J. Papadakis, M. Taroudakis, E. Skarsoulis, and C. Millot, "Acoustic observations of heat content across the Mediterranean Sea," *Nature*, vol. 385, pp. 615–617, February 1997.

● B. D. Dushaw, P. F. Worcester, W. H. Munk, R. C. Spindel, J. A. Mercer, B. M. Howe, J. Metzger, K., T. G. Birdsall, R. K. Andrew, M. A. Dzieciuch, B. D. Cornuelle, and D. Menemenlis, "A decade of acoustic thermometry in the North Pacific Ocean," *J. Geophys. Res. Oceans*, vol. 114, pp. 1–24, July 2009.

◉ W. Munk, P. F. Worcester, and C. Wunsch, *Ocean Acoustic Tomography*. Cambridge University Press, 1995.

◉ H. Zheng, N. Gohda, H. Noguchi, T. Ito, H. Yamaoka, T. Tamura, Y. Takasugi, and A. Kaneko, "Reciprocal sound transmission experiment for current measurement in the Seto Inland Sea, Japan," *J. Oceanogr.*, vol. 53, pp. 117–127, 1997.

◉ A. Kaneko, X.-H. Zhu, and J. Lin, Coastal Acoustic Tomography. Elsevier, 2020.

◉ N. Taniguchi, C.-F. Huang, A. Kaneko, C.-T. Liu, B. M. Howe, Y.-H. Wang, Y. Yang, J. Lin, X.-H. Zhu, and N. Gohda, "Measuring the Kuroshio Current with ocean acoustic tomography," *J. Acoust. Soc. Am.*, vol. 134, pp. 3272–3281, October 2013.

◉ 「近岸聲層析及水下技術應用」專輯，第 30-3 期海洋及水下技術季刊「近岸聲層析及水下技術應用」專輯，中華民國海洋及水下技術協會發行，2020。

◉ 黃千芬，臺灣在近岸聲層析學之發展與展望。

◉ 郭乃綜、林新詠、劉金源、黃千芬，水下數據機及其在水聲層析之應用。

◉ 陳彥翔、黃千芬、劉金源，利用單一測站對之港區聲層析研究。

◉ 李允文、陳冠宇、黃千芬，西子灣海洋實驗場之移動船聲層析實驗。

◉ 陳冠宇、黃千芬、黃盛煒、劉金源、郭振華，基於聲層析技術結合移動載具之海流測繪。

◉ 「邁向利用沿岸聲層析術的自主海洋測繪」之航海日誌：https://shackleton.tier.org.tw/ProjectResearch/Details/4

CH 7

◉ M. Xu, and L. V. Wang, "Photoacoustic imaging in biomedicine," *Review of scientific instruments,* vol. 77, no. 4, pp. 041101, 2006.

◉ P. Beard, "Biomedical photoacoustic imaging," *Interface focus,* vol. 1, no. 4, pp. 602–631, 2011.

◉ G. Wissmeyer, M. A. Pleitez, A. Rosenthal *et al.*, "Looking at sound: optoacoustics with all-optical ultrasound detection," *Light: Science & Applications,* vol. 7, no. 1, pp. 1–16, 2018.

◉ J. Chan, Z. Zheng, K. Bell *et al.*, "Photoacoustic imaging with capacitive micromachined ultrasound transducers: Principles and developments," *Sensors,* vol. 19, no. 16, pp. 3617, 2019.

◉ C. Pei, K. Demachi, T. Fukuchi *et al.*, "Cracks measurement using fiber-phased array laser ultrasound generation," *Journal of Applied Physics,* vol. 113, no. 16, pp. 163101, 2013.

◉ I. Pelivanov, T. Buma, J. Xia *et al.*, "A new fiber-optic non-contact compact laser-ultrasound scanner for fast non-destructive testing and evaluation of aircraft composites," *Journal of applied physics,* vol. 115, no. 11, pp. 113105, 2014.

◉ X. Zhang, J. R. Fincke, C. M. Wynn et al., "Full noncontact laser ultrasound: First human data," *Light: Science & Applications,* vol. 8, no. 1, pp. 1–11, 2019.

◉ L. V. Wang, and S. Hu, "Photoacoustic tomography: in vivo imaging from organelles to organs," *science,* vol. 335, no. 6075, pp. 1458–1462, 2012.

◉ I. Steinberg, D. M. Huland, O. Vermeshet al., "Photoacoustic clinical imaging," *Photoacoustics,* vol. 14, pp. 77–98, 2019.

◉ K. Maslov, H. F. Zhang, S. Hu et al., "Optical-resolution photoacoustic microscopy for in vivo imaging of single capillaries," *Optics letters,* vol. 33, no. 9, pp. 929–931, 2008.

◉ L. V. Wang, "Multiscale photoacoustic microscopy and computed tomography," *Nature photonics,* vol. 3, no. 9, pp. 503–509, 2009.

◉ S. Park, C. Lee, J. Kim et al., "Acoustic resolution photoacoustic microscopy," *Biomedical Engineering Letters,* vol. 4, no. 3, pp. 213–222, 2014.

◉ L. G. Montilla, R. Olafsson, D. R. Bauer et al., "Real-time photoacoustic and ultrasound imaging: a simple solution for clinical ultrasound systems with linear arrays," *Physics in Medicine & Biology,* vol. 58, no. 1, pp. N1, 2012.

◉ Y. Zhou, J. Yao, and L. V. Wang, "Tutorial on photoacoustic tomography," *Journal of biomedical optics,* vol. 21, no. 6, pp. 061007, 2016.

◉ A. B. E. Attia, G. Balasundaram, M. Moothanchery et al., "A review of clinical photoacoustic imaging: Current and future trends," *Photoacoustics,* vol. 16, pp. 100144, 2019.

◉ S. Hu, K. Maslov, and L. V. Wang, "Second-generation optical-resolution photoacoustic microscopy with improved sensitivity and speed," *Optics letters,* vol. 36, no. 7, pp. 1134–1136, 2011.

◉ C. P. Favazza, L. V. Wang, and L. A. Cornelius, "In vivo functional photoacoustic microscopy of cutaneous microvasculature in human skin," *Journal of biomedical optics,* vol. 16, no. 2, pp. 026004, 2011.

◉ J. Xia, M. R. Chatni, K. I. Maslov et al., "Whole-body ring-shaped confocal photoacoustic computed tomography of small animals in vivo," *Journal of biomedical optics,* vol. 17, no. 5, pp. 050506, 2012.

◉ J. Yao, and L. V. Wang, "Photoacoustic microscopy," *Laser & photonics reviews,* vol. 7, no. 5, pp. 758–778, 2013.

- A. Garcia-Uribe, T. N. Erpelding, A. Krumholz et al., "Dual-modality photoacoustic and ultrasound imaging system for noninvasive sentinel lymph node detection in patients with breast cancer," *Scientific reports,* vol. 5, no. 1, pp. 1–8, 2015.
- G.-S. Jeng, M.-L. Li, M. Kim et al., "Real-time interleaved spectroscopic photoacoustic and ultrasound (PAUS) scanning with simultaneous fluence compensation and motion correction," *Nature communications,* vol. 12, no. 1, pp. 1–12, 2021.
- M. Pramanik, and L. V. Wang, "Thermoacoustic and photoacoustic sensing of temperature," *Journal of biomedical optics,* vol. 14, no. 5, pp. 054024, 2009.
- I. V. Larina, K. V. Larin, and R. O. Esenaliev, "Real-time optoacoustic monitoring of temperature in tissues," *Journal of Physics D: Applied Physics,* vol. 38, no. 15, pp. 2633, 2005.
- J. Shah, S. Park, S. R. Aglyamov et al., "Photoacoustic imaging and temperature measurement for photothermal cancer therapy," *Journal of biomedical optics,* vol. 13, no. 3, pp. 034024, 2008.
- H. H. Müller, L. Ptaszynski, K. Schlott et al., "Imaging thermal expansion and retinal tissue changes during photocoagulation by high speed OCT," *Biomedical optics express,* vol. 3, no. 5, pp. 1025–1046, 2012.
- Q. Fu, R. Zhu, J. Song et al., "Photoacoustic imaging: contrast agents and their biomedical applications," *Advanced Materials,* vol. 31, no. 6, pp. 1805875, 2019.
- S. Y. Emelianov, P.-C. Li, and M. O'Donnell, "Photoacoustics for molecular imaging and therapy," *Physics today,* vol. 62, no. 8, pp. 34, 2009.
- W.-W. Liu, S.-H. Chen, and P.-C. Li, "Functional photoacoustic calcium imaging using chlorophosphonazo III in a 3D tumor cell culture," *Biomedical Optics Express,* vol. 12, no. 2, pp. 1154–1166, 2021.
- X. L. Deán-Ben, G. Sela, A. Lauri et al., "Functional optoacoustic neuro-tomography for scalable whole-brain monitoring of calcium indicators," *Light: Science & Applications,* vol. 5, no. 12, pp. e16201-e16201, 2016.
- A. A. Oraevsky, A. A. Karabutov, S. V. Solomatin et al.,"Laser optoacoustic imaging of breast cancer in vivo."pp. 6–15.
- M. Heijblom, D. Piras, W. Xia et al., "Visualizing breast cancer using the Twente photoacoustic mammoscope: what do we learn from twelve new patient measurements?," *Optics express,* vol. 20, no. 11, pp. 11582–11597, 2012.
- R. A. Kruger, C. M. Kuzmiak, R. B. Lam et al., "Dedicated 3D photoacoustic breast imaging," *Medical physics,* vol. 40, no. 11, pp. 113301, 2013.

◉ S. Manohar, and M. Dantuma, "Current and future trends in photoacoustic breast imaging," *Photoacoustics,* vol. 16, pp. 100134, 2019.

◉ M. Heijblom, D. Piras, M. Brinkhuis et al., "Photoacoustic image patterns of breast carcinoma and comparisons with Magnetic Resonance Imaging and vascular stained histopathology," *Scientific reports,* vol. 5, no. 1, pp. 1–16, 2015.

◉ M. Toi, Y. Asao, Y. Matsumoto et al., "Visualization of tumor-related blood vessels in human breast by photoacoustic imaging system with a hemispherical detector array," *Scientific reports,* vol. 7, no. 1, pp. 1–11, 2017.

◉ S. J. Ford, P. L. Bigliardi, T. C. Sardella et al., "Structural and functional analysis of intact hair follicles and pilosebaceous units by volumetric multispectral optoacoustic tomography," *Journal of Investigative Dermatology,* vol. 136, no. 4, pp. 753–761, 2016.

◉ J. Aguirre, M. Schwarz, N. Garzorz et al., "Precision assessment of label-free psoriasis biomarkers with ultra-broadband optoacoustic mesoscopy," *Nature Biomedical Engineering,* vol. 1, no. 5, pp. 1–8, 2017.

◉ S. Chuah, A. Attia, V. Long et al., "Structural and functional 3D mapping of skin tumours with non‐invasive multispectral optoacoustic tomography," *Skin Research and Technology,* vol. 23, no. 2, pp. 221–226, 2017.

◉ S. Y. Chuah, A. B. E. Attia, C. J. H. Ho et al., "Volumetric multispectral optoacoustic tomography for 3-dimensional reconstruction of skin tumors: a further evaluation with histopathologic correlation," *The Journal of investigative dermatology,* vol. 139, no. 2, pp. 481–485, 2019.

◉ A. Karlas, N.-A. Fasoula, K. Paul-Yuan et al., "Cardiovascular optoacoustics: From mice to men–A review," *Photoacoustics,* vol. 14, pp. 19–30, 2019.

◉ J. Jo, C. Tian, G. Xu *et al.,* "Photoacoustic tomography for human musculoskeletal imaging and inflammatory arthritis detection," *Photoacoustics,* vol. 12, pp. 82–89, 2018.

◉ F. Knieling, C. Neufert, A. Hartmann et al., "Multispectral optoacoustic tomography for assessment of Crohn's disease activity," *The New England journal of medicine,* vol. 376, no. 13, pp. 1292–1294, 2017.

◉ M. J. Waldner, F. Knieling, C. Egger et al., "Multispectral optoacoustic tomography in Crohn's disease: noninvasive imaging of disease activity," *Gastroenterology,* vol. 151, no. 2, pp. 238–240, 2016.

圖片來源

圖 1–1： 蔡振家、編輯部

圖 1–2： 蔡振家、編輯部

圖 1–3： 蔡振家、編輯部

圖 1–4： 蔡振家、編輯部

圖 1–5： 蔡振家、編輯部

圖 1–6： shutterstock、編輯部

圖 1–7： 蔡振家、編輯部

圖 1–9： 蔡振家、編輯部

圖 1–10： 蔡振家

圖 3–1： Fritz T, Jentschke S, Gosselin N, Sammler D, Peretz I, Turner R, Friederici AD, Koelsch S. Universal recognition of three basic emotions in music. Curr Biol. 2009 Apr 14;19(7):573–6. doi: 10.1016/j.cub.2009.02.058. Epub 2009 Mar 19. PMID: 19303300.

圖 3–2： Mehr SA, Singh M, Knox D, Ketter DM, Pickens-Jones D, Atwood S, Lucas C, Jacoby N, Egner AA, Hopkins EJ, Howard RM, Hartshorne JK, Jennings MV, Simson J, Bainbridge CM, Pinker S, O'Donnell TJ, Krasnow MM, Glowacki L. Universality and diversity in human song. Science. 2019 Nov 22;366(6468):eaax0868. doi: 10.1126/science.aax0868. PMID: 31753969; PMCID: PMC7001657.

圖 3–3： Juslin, P. N., & Sloboda, J. A. (Eds.). (2010). *"Handbook of music and emotion: Theory, research, applications."* Oxford University Press.

圖 3–4： Salimpoor VN, Benovoy M, Larcher K, Dagher A, Zatorre RJ. Anatomically distinct dopamine release during anticipation and experience of peak emotion to music. Nat Neurosci. 2011 Feb;14(2):257–62. doi: 10.1038/nn.2726. Epub 2011 Jan 9. PMID: 21217764.

圖 3–5： Salimpoor VN, van den Bosch I, Kovacevic N, McIntosh AR, Dagher A, Zatorre RJ. Interactions between the nucleus accumbens and auditory cortices predict music reward value. Science. 2013 Apr 12;340(6129):216–9. doi: 10.1126/science.1231059. PMID: 23580531.

圖 3–6： Savage, Patrick & Loui, Psyche & Tarr, Bronwyn & Schachner, Adena & Glowacki, Luke & Mithen, Steven & Fitch, Tecumseh. (2020). Music as a coevolved system for social bonding. 10.31234/osf.io/qp3st.

圖 3–7： Weinstein, D., Launay, J., Pearce, E., Dunbar, R. I. M., & Stewart, L. (2016). Group music performance causes elevated pain thresholds and social bonding in small and large groups of singers. Evolution and Human Behavior 37(2): 152 –58.

圖 4–1： 潘昌志，原刊於「震識：那些你想知道的震事」。

圖 4–2： gettyimages

圖 4–3： 潘昌志，原刊於「震識：那些你想知道的震事」。

圖 4–6： 中央研究院地球科學研究所電子室

圖 4–7： Peterson, J., & Hutt, C. R. (2014). *World-wide standardized seismograph network: a data users guide* (p. 82). US Department of the Interior, US Geological Survey.

圖 4–8： 潘昌志，原刊於「震識：那些你想知道的震事」。

圖 4–9： 潘昌志，原刊於「震識：那些你想知道的震事」。

圖 4–10： 馬國鳳（中央大學、中央研究院地球科學研究所）

圖 4–11： 梁文宗（中央研究院地球科學研究所）

圖 4–12： 馬國鳳（中央大學、中央研究院地球科學研究所）

圖 4–13： 台灣地震科學中心

圖 4–14： 鄭世楠（塵封的裂痕系列演講—歷史地震第六講）

圖 4–15： 潘昌志

圖 4–16： Field, E. H. (2008). *The uniform California earthquake rupture forecast, version 2 (UCERF 2)* (Vol. 1138). US Geological Survey.

圖 4–17： TEM PSHA2015, Wang, et al., 2016

圖 4–18： 顏銀桐（財團法人中興工程顧問社）

圖 5–1： 嚴宏洋

圖 5–2： 嚴宏洋

圖 5–3： 嚴宏洋

圖 5–4： SCIENCE photo LIBRARY

圖 5–5： shutterstock、編輯部

圖 5–6： 嚴宏洋

圖 6–1： shutterstock、編輯部

圖 6–3： 黃千芬

圖 6–4： http://stream1.cmatc.cn/pub/comet/MarineMeteorologyOceans/IntroductiontoOceanAcoustics/comet/oceans/acoustics/print.htm

圖 6–5： 黃千芬

圖 6–6：臺灣周圍海域大尺度地形測繪 ： C.-S. Liu, S.Y. Liu, S.E. Lallemand, N. Lundberg , and D. Reed (1998) Digital elevation model offshore Taiwan and its tectonic implications. Terrestrial, Atmospheric and Oceanic Sciences, 9(4), 705–738.

被動式聲學遙測海上氣候 ： J. Yang, S. C. Riser, J. A. Nystuen, W. E. Asher, and A. T. Jessup, "Regional rainfall measurements using the passive aquatic listener during the SPURS Field Campaign," Oceanography, March 2015.

聲學遙測深海熱泉 ： P. A. Rona, D. R. Jackson, K. G. Bemis, C. D. Jones, K. Mitsuzawa, D. R. Palmer, and D. Silver, "Acoustics advances study of sea floor hydrothermal flow," Eos, Transactions American Geophysical Union, vol. 83, no. 44, pp. 497–502, 2002.

來自槍蝦的水下環境噪聲 ： https://physicsworld.com/a/the-bubble-bursts-for-shrimps/

蘇門答臘大地震的 T 相波聲學觀測 ： C. D. de Groot-Hedlin, "Estimation of the rupture length and velocity of the great Sumatra earthquake of dec 26, 2004 using hydroacoustic signals," Geophys. Res. Lett., vol. 32, 06 2005.

海洋氣候聲學測溫計畫 (ATOC) ： B. D. Dushaw, P. F. Worcester, W. H. Munk, R. C. Spindel, J. A. Mercer, B. M. Howe, J. Metzger, K., T. G. Birdsall, R. K. Andrew, M. A. Dzieciuch, B. D. Cornuelle, and D. Menemenlis, "A decade of acoustic thermometry in the North Pacific Ocean," J. Geophys. Res. Oceans, vol. 114, pp. 1–24, July 2009.

100 年後發現了第一次世界大戰潛艇殘骸： https://www.cbc.ca/news/science/100-year-old-german-u-boat-found-off-scottish-coast–1.3811500

圖 6–7：黃千芬

圖 6–8：MBES ： Image courtesy of Shell International Exploration and Production Inc. and C&C Technologies Inc.
SSS：C&C Technologies Inc.
SBP：Shell International Exploration and Production Inc.
照片 ： Steamship Historical Society of America Collection, University of Baltimore

圖 6–9：黃千芬

圖 6–10：黃千芬

圖 6–11：黃千芬

圖 6–12：黃千芬

圖 6–13： shutterstock、編輯部

圖 6–14： ©1996 Scientific American, Inc

圖 6–15： 黃千芬

圖 6–16： 黃千芬

圖 6–17： shutterstock

圖 7–1： 專利文件

圖 7–2： Physics Today, pp. 34–39, May 2009.

圖 7–6： https://www.par.com/technologies/

圖 7–7： L. V. Wang, and S. Hu, "Photoacoustic tomography: in vivo imaging from organelles to organs," *science,* vol. 335, no. 6075, pp. 1458–1462, 2012.

圖 7–9： S. Hu, K. Maslov, and L. V. Wang, "Second-generation optical-resolution photoacoustic microscopy with improved sensitivity and speed," *Optics letters,* vol. 36, no. 7, pp. 1134–1136, 2011.

圖 7–10： C. P. Favazza, L. V. Wang, and L. A. Cornelius, "In vivo functional photoacoustic microscopy of cutaneous microvasculature in human skin," *Journal of biomedical optics,* vol. 16, no. 2, pp. 026004, 2011.

圖 7–11： L. V. Wang, and S. Hu, "Photoacoustic tomography: in vivo imaging from organelles to organs," *science,* vol. 335, no. 6075, pp. 1458–1462, 2012.

圖 7–13： L. V. Wang, "Multiscale photoacoustic microscopy and computed tomography," *Nature photonics,* vol. 3, no. 9, pp. 503–509, 2009.

圖 7–14： G.-S. Jeng, M.-L. Li, M. Kim et al., "Real-time interleaved spectroscopic photoacoustic and ultrasound (PAUS) scanning with simultaneous fluence compensation and motion correction," *Nature communications,* vol. 12, no. 1, pp. 1–12, 2021.

圖 7–15： H. H. Müller, L. Ptaszynski, K. Schlott et al., "Imaging thermal expansion and retinal tissue changes during photocoagulation by high speed OCT," *Biomedical optics express,* vol. 3, no. 5, pp. 1025–1046, 2012.

圖 7–16： M. Toi, Y. Asao, Y. Matsumoto et al., "Visualization of tumor-related blood vessels in human breast by photoacoustic imaging system with a hemispherical detector array," *Scientific reports,* vol. 7, no. 1, pp. 1–11, 2017.

名詞索引

人名

專有名詞

主編：
王道還、高涌泉

歪打正著的科學意外

有些重大的科學發現是「歪打正著的意外」？！
然而，獨具慧眼的人才能從「意外」窺見新發現的契機。

科學發展並非都是循規蹈矩的過程，事實上很多突破性的發現，都來自於「歪打正著的意外發現」。關於這些「意外」，當然可以歸因於幸運女神心血來潮的青睞，但也不能忘記一點：這樣的青睞也必須仰賴有緣人事前的充足準備，才能從中發現隱藏的驚喜。

本書收錄臺大科學教育發展中心「探索基礎科學講座」的演講內容，先爬梳「意外發現」在科學中的角色，接著介紹科學史上的「意外」案例。透過介紹這些經典的幸運發現我們可以認知到，科學史上層出不窮的「未知意外」，不僅為科學研究帶來革命與創新，也帶給社會長足進步與變化。

主編：
林守德、高涌泉

智慧新世界 圖靈所沒有預料到的人工智慧

辨識一張圖片居然比訓練出 AlphaGo 還要難？！
AI 不止可以下棋，還能做法律諮詢？！
AI 也能當個稱職的批踢踢鄉民？！

這本書收錄臺大科學教育發展中心「探索基礎科學講座」的演說內容，主題圍繞「人工智慧」，將從機器實習、資料探勘、自然語言處理及電腦視覺重點切入，並重磅推出「AI 嘉年華」，深入淺出人工智慧的基礎理論、方法、技術與應用，且看人工智慧將如何翻轉我們的社會，帶領我們前往智慧新世界。

主編：
洪裕宏、高涌泉

心靈黑洞 —— 意識的奧祕

意識是什麼？心靈與意識從何而來？
我們真的有自由意志嗎？
植物人處於怎樣的意識狀態呢？
動物是否也具有情緒意識？

過去總是由哲學家主導辯論的意識研究，到了 21 世紀，已被科學界承認為嚴格的科學，經由哲學進入科學的領域，成為心理學、腦科學、精神醫學等爭相研究的熱門主題。本書收錄臺大科學教育發展中心「探索基礎科學系列講座」的演說內容，主題圍繞「意識研究」，由 8 位來自不同專業領域的學者帶領讀者們認識這門與生活息息相關的當代顯學。這是一場心靈饗宴，也是一段自我了解的旅程，讓我們一同來探索《心靈黑洞——意識的奧祕》吧！

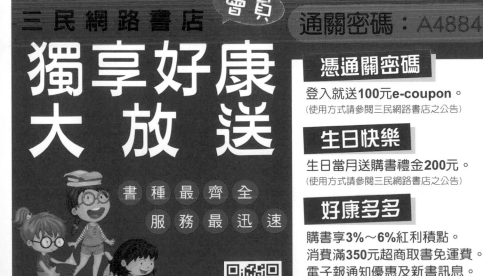

國家圖書館出版品預行編目資料

妙趣痕聲：聲彩繽紛的STEAM／于宏燦主編;臺大科
學教育發展中心編著.－－初版一刷.－－臺北市：三
民，2022
面；　公分.－－（科學+）

ISBN 978-957-14-7440-3　（平裝）
1. 聲音

334　　　　　　　　　　　　　　　111005670

科學➕

妙趣痕聲──聲彩繽紛的 STEAM

主　　編	于宏燦
編 著 者	臺大科學教育發展中心
責任編輯	洪紹翔
美術編輯	陳祖馨

發 行 人	劉振強
出 版 者	三民書局股份有限公司
地　　址	臺北市復興北路 386 號 (復北門市)
	臺北市重慶南路一段 61 號 (重南門市)
電　　話	(02)25006600
網　　址	三民網路書店 https://www.sanmin.com.tw

出版日期	初版一刷 2022 年 7 月
書籍編號	S300370
Ｉ Ｓ Ｂ Ｎ	978-957-14-7440-3

三民書局